变电站标准化工作手册

标准化体系研究与构建

国网内蒙古东部电力有限公司设备管理部　编

中国电力出版社
CHINA ELECTRIC POWER PRESS

内 容 提 要

近年来，以特高压为代表的电网发展和技术进步给变电站标准化工作提出新课题，日趋严格的生产安全法治环境给变电站规范化管理带来新挑战。为进一步加强变电站标准化工作，国网内蒙古东部电力有限公司设备管理部组织编制了《变电站标准化工作手册》丛书。丛书包括《标准化体系研究与构建》《变电运维》《变电检修》《电气试验》4个分册，涵盖变电站标准化体系的构建方法以及运维、检修、试验各类生产业务的执行周期、业务流程、工作标准和工作记录，这些内容是变电站实现标准化工作和规范化管理的重要基础和体系保障。丛书图文并茂、直观易学，具有很强的实用性和可推广性。

本分册为《标准化体系研究与构建》，共3章，分别为变电站标准化体系建设背景与现状、变电站标准化体系研究与探索、变电站标准化体系建设与实践。本书在借鉴精益化管理、业务流程管理、风险管控等理论的基础上，提出了变电站"一标双控"标准化体系。

本丛书既可作为变电站生产管理和专业技术人员的工作指导用书，也可作为员工职业培训和高等院校电气工程专业学生的实习书籍。

图书在版编目（CIP）数据

变电站标准化工作手册．标准化体系研究与构建/国网内蒙古东部电力有限公司设备管理部编．—北京：中国电力出版社，2019.11

ISBN 978-7-5198-3232-2

Ⅰ.①变… Ⅱ.①国… Ⅲ.①变电所—标准化—体系建设—技术手册 Ⅳ.①TM63-65

中国版本图书馆CIP数据核字（2019）第274614号

出版发行：中国电力出版社
地　　址：北京市东城区北京站西街19号（邮政编码100005）
网　　址：http://www.cepp.sgcc.com.cn
责任编辑：赵　杨（010-63412287）
责任校对：黄　蓓　常燕昆
装帧设计：张俊霞
责任印制：石　雷

印　　刷：三河市万龙印装有限公司
版　　次：2019年11月第一版
印　　次：2019年11月北京第一次印刷
开　　本：710毫米×1000毫米　16开本
印　　张：4.25
字　　数：65千字
印　　数：0001—2000册
定　　价：35.00元

《变电站标准化工作手册》
编　委　会

主　任　罗汉武

副主任　叶立刚　李文震

委　员　孙　广　李文鹏　张少杰　徐国辉　孟　辉
李海明　冯新文　张俊双

《标准化体系研究与构建》 编写人员

主　编　罗汉武　叶立刚

副主编　张俊双　冯新文　李海明

参　编　李文震　王永光　温立彬　曹志刚　张海龙
张国彦

Preface 》前 言

近年来，以特高压为代表的电网发展和技术进步给变电站标准化工作提出新课题，日趋严格的生产安全法治环境给变电站规范化管理带来新挑战。2017 年，国家电网公司颁布了《国家电网公司变电验收管理规定（试行）》《国家电网公司变电运维管理规定（试行）》《国家电网公司变电检修管理规定（试行）》《国家电网公司变电检测管理规定（试行）》《国家电网公司变电评价管理规定（试行）》五项通用管理制度及其细则试行版（简称变电“五通”），全面规定了公司系统各层级生产单位的职责界面、业务范围和工作要点，为变电站生产精益化提供了遵循标准。

变电“五通”作为国家电网公司的顶层设计，落地实施需要有效的途径和体系保障。为推动变电“五通”与生产实际深度融合、更好落地实施，国网内蒙古东部电力有限公司设备管理部组织编制了《变电站标准化工作手册》丛书。丛书包括《标准化体系研究与构建》《变电运维》《变电检修》《电气试验》4 个分册。

丛书回应当前电力系统变电站迫切的生产精益化需求，以变电“五通”为基础，以工作标准化和管理规范化作为生产精益化的实施途径，借鉴先进的管理理论，总结吸收变电站标准化建设经验，系统讲解变电站标准化体系的形势任务、理论基础、构建方法和具体实践，涵盖变电站运维、检修、试验各类生产业务的执行周期、业务流程、工作标准和工作记录。丛书结合变电站生产业务和岗位设置实际，聚焦业务流程清晰、工作标准明确、岗位职责清楚的目标导向，具有很强的先进性、实用性和可推广性，能有效提升变电站工作标准化和管理规范化水平。

丛书以深入浅出的语言讲解管理理论、构建标准化体系、提供实践指导，图文并茂、直观易学，既可作为变电站生产管理和专业技术人员的工作指导用书，也可作为员工职业培训和高等院校电气工程专业学生的实习书籍。

本分册为《标准化体系研究与构建》，共3章，分别为变电站标准化体系建设背景与现状、变电站标准化体系研究与探索、变电站标准化体系建设与实践。本书在技术标准、工作标准、管理标准“三大标准”体系基础上，借鉴精益化管理、业务流程管理、风险管控等理论，提出了变电站“一标双控”标准化体系。

由于作者水平有限、时间仓促，书中难免存在不足之处，恳请各位专家和读者批评指正。

编者

2019年8月

Contents 》目 录

1　变电站标准化体系建设背景与现状

1.1　电力安全可靠供应的重要性

我国经济社会的快速发展带动用电需求持续增长。2010 年我国全社会用电量达到 4.2 万亿 kWh，是 1980 年的 14 倍。2018 年，我国全社会用电量实现 6.85 万亿 kWh，是 2010 年的 1.63 倍；比 2017 年增长 8.5%，增速提高 1.9 个百分点，创近七年来新高；电力弹性系数为 1.29，在 2012 年以后再次超过 1。在经济增速下降的情况下，用电增速大幅提高，两者变化出现明显背离现象。图 1-1 为 2010 年以来我国 GDP 与用电量增速趋势图。

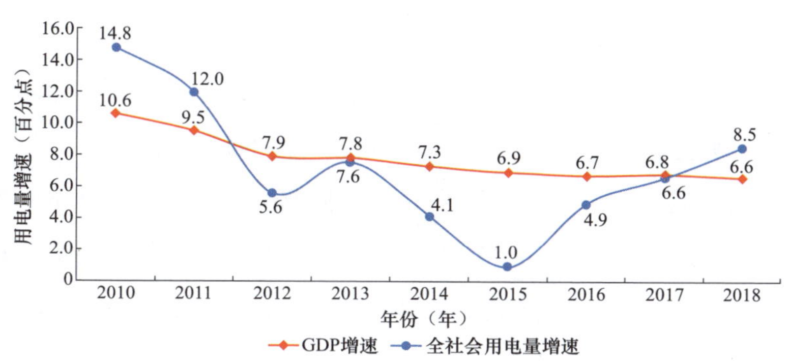

图 1-1　2010 年以来我国 GDP 与用电量增速趋势图

从长期看，两者增长变化趋势基本一致；从短期看，两者变化可能出现背离。有关资料显示，未来 10 年我国用电需求仍将保持持续快速增长。到 2030 年，我国最大用电负荷将达到 19.4 亿 kW，全社会用电量将达到 11.8 万亿 kWh，分别是 2010 年的 3.0 倍和 2.8 倍。综合分析，用电量增长与经济发展密切相关，电力安全可靠供应是我国经济社会发展的基础保障。

近年来，新能源和新型用电服务蓬勃发展。风能、太阳能等新能源发电具有随机性和间歇性的特点，其可控性和可预测性低于传统化石能源发电，大规模开发利用对电网的控制和协调能力带来巨大挑战，迫切要求运用先进的自动化技术、协调控制技术和储能技术，实现对包括新能源在内的各类能源的准确预测和精确控制，改善新能源发电的功率输出特性，并使电网能够满足大规模新能源发电并网需求，从而更好地推动能源结构优化调整，降低对传统化石能源的依赖。

同时，社会的进步和电动汽车、智能家电等新兴用电业务的发展，对电力供应可靠性、电能供应质量、电力服务内容也提出了更高要求，需要电力供应企业提供更为安全可靠、经济优质、灵活互动、友好开放的电力供应方案，不断拓展电力服务的内容和范围，提供更加多样化、便捷和灵活的服务，实现用户与电网的双向互动，使用户获得更多的选择权和自主权。

1.2 电网企业生产管理面临的形势

1.2.1 电网发展和技术进步提出新课题

改革开放以来，我国电网建设步伐不断加快，电网和设备技术不断突破，资源配置能力明显增强，安全性、可靠性和经济性不断提高。

2010 年底，我国 35kV 及以上输电线路回路长度 133.7 万 km，变电容量 36.2 亿 kVA，分别相当于 1980 年的 4.8 倍和 23.2 倍；其中 220kV 及以上输电线路回路长度 44.56 万 km，变电容量 19.9 亿 kVA，分别相当于 1980 年的 14.9 倍和 56.9 倍。2018 年底，我国 35kV 及以上输电线路回路长度 189 万 km，变电容量 70 亿 kVA，分别相当于 2010 年的 1.41 倍和 1.93 倍；其中 220kV 及以上输电回路长度 73 万 km，变电容量 43 亿 kVA，分别相当于 2010 年的 1.64 倍和 2.16 倍。在建在运 12 交 14 直特高压工程，线路长度达到 3.8 万 km，变电（换流）容量达到 3.5 亿 kVA。

为适应资源优化配置需求，我国电网电压等级不断提高，交流输电最高电压从新中国成立初期的 220kV 提高到 1000kV。目前，我国电网形成了 35、110（66）、220、500（330）、750、1000kV 交流和±500、±660、±800kV 直流标

准电压序列。目前，昌吉—古泉±1100kV直流输电工程也已经投入运行。

随着用电负荷的快速增长和电力系统规模的持续扩大，积极推进全国联网，在全国范围内优化配置电力资源，成为电力工业发展的内在需要。截至2018年底，我国电网已经形成了东北、华北、华中、华东、西北、南方六个大型区域交流同步电网。当前，六大区域电网之间，除华北—华中电网之间有交流特高压联系外，其他区域电网之间都是采用直流方式互联。六大区域电网中，西北电网以750kV交流为主网架；华北电网和华东电网以1000kV和500kV交流为主网架；其他区域均以500kV交流为主网架。

为充分发挥电网的资源优化配置功能，近年来我国在加强和完善各省区主网架结构的同时，加快了区域间输电通道建设，跨区输电能力持续增强。2010年底，全国跨区输电能力达到4020万kW，比2005年增长了2.3倍；2018年底，全国跨区输电能力达到13615万kW，比2010年增长了2.4倍。

通过加快城乡电网建设和改造，我国电网供电能力显著增强，供电可靠性大幅提高。2010年，城市用户平均供电可靠率达到99.923%，比2000年提高0.034个百分点；用户年平均停电时间为6.72h，比2000年缩短了3h。农村用户平均供电可靠率达到99.714%，比2005年提高0.321个百分点；年平均停电时间为25.06h，比2005年缩短28.14h。2018年，城市用户平均供电可靠率达到99.946%，比2010年提高0.023个百分点；用户年平均停电时间为4.72h，比2010年缩短2h。农村用户平均供电可靠率达到99.784%，比2010年提高0.07个百分点；用户年平均停电时间为18.95h，比2010年缩短6.11h。

近年来，以特高压为代表的电网和设备技术取得重大突破。通过自主创新，我国掌握了特高压交、直流输变电及其装备制造的核心技术，带动了装备制造业的转型升级和高质量发展。建立了完备的特高压技术标准体系，形成了一批具有国际领先的自主知识产权成果，占据了世界电网科技的制高点。已投运的特高压工程保持了安全稳定运行，标志着我国特高压技术经受了实践检验，日趋成熟。

以国网内蒙古东部电力有限公司为例，变电站数量从2009年的299座增加到目前的780座，十年间翻了一番还多，特高压“三交三直”投入运行。变电站生产任务大幅增加的同时，又要满足生产精益化的要求。在设备方面，特高压工程大规模投入运行，设备电压等级再创新高。智能变电站、高集成设备，如气体绝缘全封闭组合电器（GIS）以及新型电力电子设备，如静止无功发生器（SVG）的应用，使得设备类型更新换代。设备检修模式方面，国家电网公司从2010年开始推行状态检修。状态检修是建立在大量先进的带电检测和在线监测技术能够感知设备状态量基础之上的，利用状态量进行准确的状态评价，从而制订针对性的检修策略。状态检修的实施改变了以往周期性检修预试的传统模式，对检修人员提出了新要求。设备运维模式方面，国家电网公司从2012年开始推行无人值守变电站，运维人员在运维站集中驻守，调度实行集中监控，同时将一些维护、检测类项目调整到运维人员执行，对运维人员提出了新要求。设备检测试验方面，大量先进的带电检测技术逐渐成熟并应用，改变了以往依靠停电试验掌握设备缺陷的传统模式。状态检修的关键在于带电获得设备状态量后的状态评价，对试验人员提出了新要求。在信息化方面，国家电网公司从2008年开始推行生产管理系统（PMS），历经十年的实践检验，从1.0版本升级到2.0版本，业务功能基本成熟，实现了生产业务全覆盖。生产信息化改变了以往生产信息数据、档案资料的管理模式，对业务流程和工作标准的规范性提出了新要求。

1.2.2 日趋严格的生产安全法治环境带来新挑战

2013年11月，党的十八届三中全会通过了《中共中央关于全面深化改革若干重大问题的决定》，提出了全面深化改革的指导思想、目标任务、重大原则。2015年3月，党中央、国务院印发了《关于进一步深化电力体制改革的若干意见》（中发〔2015〕9号），“新一轮电力体制改革”正式拉开帷幕。随后，中华人民共和国国家发展和改革委员会、国家能源局陆续出台了配套文件，进一步细化、明确了电力体制改革的有关要求和实施路径。同时，也提出了进一步强化政府监管，进一步强化电力统筹规划，进一步强化电力安全高效运行和可靠供应，推动电力工业朝着安全、科学、高效、清洁的方向发展。经过三年多的推进，新一轮电力体制改革已全面进入深水区、攻坚期。

进入21世纪，我国陆续颁布了一系列有关电力生产安全的法律法规。2005年，《电力监管条例》（中华人民共和国国务院令第432号）公布施行。2007年，《生产安全事故报告和调查处理条例》（中华人民共和国国务院令第493号）公

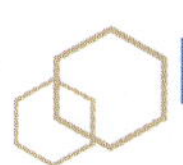

布施行。2011 年，《电力安全事故应急处置和调查处理条例》（中华人民共和国国务院令第 599 号）公布施行。2014 年，修改后的《中华人民共和国安全生产法》（中华人民共和国主席令第 13 号）公布施行。

党的十八届四中全会通过了《中共中央关于全面推进依法治国若干重大问题的决定》，这是我们党首次以依法治国为主题的中央全会，对全面推进依法治国做出重要部署。电网企业作为关系国民经济命脉和国家能源安全的国有重点骨干企业，依法治企对其具有重大而深远的意义。

近年来，国家电网公司陆续发布了《国家电网公司安全事故调查规程》（国家电网安监〔2011〕2024 号）、《国家电网公司安全工作规定》（国家电网企管〔2014〕1117 号）、《国家电网公司安全工作奖惩规定》（国家电网企管〔2015〕266 号）等的规章制度，企业生产安全规章制度进一步建立健全。

1.3 变电站标准化体系的探索与思考

变电站是电网企业生产运行的基本单元和关键环节，对于保障电力安全可靠供应有着重要意义。当前，从国家大环境来看，电网企业面临经济社会发展对高可靠性的供电需求以及我国日趋严格的法治环境。从电网企业内部来看，电网的发展、设备的升级、技术的进步、电网企业体制的改革都对变电站生产安全提出了新课题。

在当前形势下，对于如何保障变电站安全稳定运行、如何防控各种安全风险、发生事故如何追本溯源，还应该从发展、完善变电站标准化体系的思路来解决，研究建立一种与体制相适应、与岗位相匹配、与设备相结合、与人员相协调的更科学、更高效的变电站标准化体系。

1.3.1 电网企业标准化建设的探索

讲到标准化就离不开“ISO 9000”，ISO 9000 族标准是标准化工作的理论基础。国际标准化组织（International Organization for Standardization，ISO）颁布的 ISO 9000 族标准获得巨大成功。该族标准自 1987 年颁布第一版以来，很快就在全世界传播开来，被世界上许多国家采用，极大地促进了世界范围内企业质量管理水平的提高和国际贸易的发展，形成了全球范围内的“ISO 9000”热。

这股热潮也广泛而深刻地影响了我国企业的发展，通过认证的企业越来越多，将企业认证的过程称之为“贯标”。“贯标”把我国企业带入一个新的更加广阔的国内和国际市场，为我国企业的发展发挥了极为重要的作用。

ISO 9000 标准的基本思想是控制所有过程的质量，过程控制的出发点是预防不合格，持续地实施质量改进。把影响整个过程的每一个环节进行有效的控制，就能保证最终结果达到良好的状态。

20 世纪末本世纪初，国内供电企业曾经进行过 ISO 9000 贯标的探索和实践。山东潍坊电业局在创建全国一流供电企业的过程中实施了 ISO 9000 贯标。按 ISO 9000 标准要求，共制定、修订管理标准 178 项、工作标准 366 项。取得了良好的实施效果，该局在 1999 年创造了 1400 多天的安全生产最高纪录。电压合格率、供电可靠率、线损率是一流供电企业的“三大关键指标”，该局在 1998 年都达到了全国一流供电企业的标准。

1.3.2 当前变电站标准化建设的思考

电网的发展、设备的升级、技术的进步对变电站标准化建设产生了深远影响。2017 年国家电网公司颁布了《变电验收管理规定》《变电运维管理规定》《变电检修管理规定》《变电检测管理规定》《变电评价管理规定》五项通用管理制度及其细则试行版（简称变电“五通”），对生产精益化进行了全面、系统的规定。这更是对当前形势下的变电站标准化建设提出了新要求。

可以从生产精益化的角度来审视当前的变电站标准化建设，思考如何把精益化的思想与方法运用到变电站标准化建设中去，来适应当前的变电站生产管理面临的形势。精益化管理的终极目标，实质上就是设备高可靠性的安全稳定运行。技术标准、管理标准和工作标准是目前学术上公认的“三大标准”体系。对于设备安全稳定运行而言，落实技术标准就是变电站标准化建设的核心要务。我国电力工业技术标准体系主要分为三个层面：国家标准、行业标准和企业标准。各类技术标准如何得到落实？可以认为管理标准和工作标准是技术标准落实的保障机制。在变电站层面，谈管理标准就一定离不开业务，管理标准实质上就是业务流程和人员行为的管控，相当于企业的内部监管。谈工作标准就一定离不开岗位设置，工作标准实质上是技术标准在岗位上的最终落实和执行。就电网企业而言，标准化体系实质上就是变电站生产安全的制度保障。

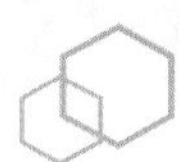

因此可以借鉴精益化的思想与方法着力解决以下几个方面的问题，实现生产精益化的目标。在业务上，首先应结合岗位实际设置，制订业务流程，也就是管理标准的落实。其次将每项业务的技术标准分解到岗位上，也就是工作标准的落实。在岗位和人员上，首先应将每项业务的工作标准编入岗位职责里，形成工作标准明晰的岗位职责。其次，建立分岗位分级别的差异化培训机制。再次，制订针对性更强的岗位考核评价方式。这样就能提高岗位培训的有效性和考核评价的针对性。

2　变电站标准化体系研究与探索

2.1　标准化的概念与原理

2.1.1　标准化的概念

标准化最初是从规范产品的角度提出的，是指为适应科学发展和组织生产的需要，在产品质量、品种规格、零部件通用等方面，规定统一的技术标准。随着管理科学的发展，在经济、技术、科学和管理等社会实践中，为在一定的范围内获得最佳秩序或最佳经济效果，对实际或潜在的问题制定共同和重复使用的规则，称为标准化。目前，我国国家标准按照标准化对象分类，通常分为技术标准、管理标准和工作标准三大类。技术标准是指对标准化领域中需要协调统一的技术事项所制定的标准，包括基础标准、产品标准、工艺标准、检测试验方法标准以及安全、卫生、环保标准等。管理标准是指对标准化领域中需要协调统一的管理事项所制定的标准。工作标准是指对工作的责任、权利、范围、质量要求、程序、效果、检查方法、考核办法所制定的标准。

从目标导向来看，落实技术标准是变电站标准化建设的核心要务，这是变电站生产安全的基础保障，管理标准、工作标准应该围绕技术标准而设计，并服务于技术标准。

2.1.2　标准化的原理

（1）统一原理。统一原理是指为保证事物发展所必需的秩序和效率，对事物的形成、功能或其他特性，确定适合于一定时期和一定条件的一致规范，并使这种一致规范与被取代的对象在功能上达到等效。

（2）简化原理。简化原理是指为经济有效地满足需要，对标准化对象的结

构、型式、规格或其他性能进行筛选提炼，剔除其中多余的、低效能的、可替换的环节，精炼并确定出满足全面需要所必要的高效能环节。

（3）协调原理。协调原理是指为使标准的整体功能达到最佳，并产生实际效果，必须通过有效的方式协调好系统内外相关因素之间的关系，确定为建立和保持相互一致，适应或平衡关系所必须具备的条件。

（4）最优化原理。最优化原理是指按照特定的目标，在一定的限制条件下，运用科学技术的方法和成果，对标准化对象的构成因素及其关系进行选择、设计或调整，使之达到最理想的效果。

2.1.3 ISO 9000 族标准

ISO 9000 族标准是在总结各国质量管理成功经验基础上发展起来的，是质量管理发展到一定阶段的产物。没有质量管理在世界范围内的演化和变革所积累起来的实践经验和理论基础，就没有 ISO 9000 族标准的架构与灵魂。

就世界范围而言，质量管理依据其手段、方式以及作用来划分，大致经过了三个互相关联的发展阶段。

（1）质量检验阶段。20 世纪以前，产品的质量检验，主要是靠手工操作者的手艺和经验，对产品质量进行鉴别、把关，不让不合格品出厂。20 世纪初，质量检验发展成由专职检验人员进行，因而劳动生产率大大提高了。质量检验阶段的质量管理，其特点是适应产品单一、作业简单，生产组织并不十分复杂的企业，其最大的局限性是事后把关，不能及时预防或从根本上减少废品的产生。

（2）统计质量控制阶段。第二次世界大战期间及以后，由美国军工企业开始采用广泛试验和应用数理统计方法来进行工序控制，产生了非常显著的效果，并迅速推广到其他工业领域，20 世纪 50 年代达到高峰。除美国外，许多国家也都积极开展统计质量控制活动，并取得成效。由于采用了数理统计的方法对生产过程的产品质量进行控制，这就开始改变了过去陈旧落后的事后检验方式，开创了事前把关的质量管理新时代，使预防控制成为这一阶段的重要特点。统计质量控制阶段的质量管理的最大局限是：由于过分强调数理统计方法，忽视组织管理及其他生产者的能动性，使人们误认为“质量管理就是统计方法”，而数理统计方法很深奥，因此，“质量管理是统计学家”的说法，影响了质量管理统计方法的普及和质量管理的深化。

（3）全面质量管理阶段。从 20 世纪 60 年代起，质量管理发展到了第三阶段，即全面质量管理阶段。全面质量管理与过去传统的质量检验阶段、统计质量控制阶段相比，在管理思想和管理方法上有了根本性的突破。一是提出了质量环定律和质量职能的概念，创造了“全员工、全过程、全企业”的质量管理理念，从狭义的质量转向广义的质量，从产品质量延伸到工作质量，既见物又见人，既见特殊又见一般，既见局部又见系统。二是提出了 PDCA（计划、执行、检查、处理）的工作原理和四项工作体系，集中体现于企业以质量为中心的经营战略和以基础工作、QC 小组活动、质量职能和方针目标管理为主要支柱的系统管理，促进企业持续改进，追求卓越。三是提出了“用户至上”的观点，从设计者、制造者、检验者认可的质量标准转向市场和用户最终认可的质量标准，把用户的需求、期望和利益作为质量目标，引导企业和员工从关注用户的要求和期望做起并以质量求生存、求发展。

2.2 技术标准体系现状

我国电力工业技术标准体系主要分为三个层面：国家标准、行业标准和企业标准。国标代表着我国电力工业的基础水平，也是产品进入市场的最低标准。国标由国家标准化委员会（简称“国标标委会”）组织制定，政府主管部门发布。国标标委会组成人员比较广泛，一般由高等院校、科研院所、制造厂家、设计、施工及用户单位的专家学者组成，广泛代表着各方诉求。行标较国标要求更高，代表着电力行业的先进性和发展方向。行标由中国电力企业联合会标准化委员会（简称“行标标委会”）组织制定，行业主管部门发布。行标标委会主要由国家电网公司、南方电网公司主导，高等院校、科研院所、各大发电集团、制造厂家、设计、施工等单位参与，推动行业进步。企标较行标要求更高，代表着行业内单一企业的意图和导向。企标由该企业下辖的标准化工作组（简称“标准化组”）组织制定、发布。企业标准化组一般由本企业专家组成，最大限度地保障企业自身权益。以国家电网公

司和南方电网公司为代表的国内电网企业都有成熟的企业标准体系，如国家电网公司的 Q/GDW 系列企标、南方电网公司的 Q/CSG 系列企标。最具典型性的就是《国家电网有限公司十八项电网重大反事故措施》（简称“十八项反措”），在行业内具有广泛的影响力和约束力。

电力工业技术标准体系按产品的不同阶段可以分为技术条件类、选用导则类、施工及验收规范类、运维检修导则类、试验规程类。其中，技术条件类标准主要规定产品的额定参数值、设计与结构、型式试验及出厂试验项目、运输及存储条件；选用导则类标准主要规定产品的选用原则和使用条件；施工及验收规范类标准主要规定安装、施工工艺和验收项目；运维检修导则类标准主要规定运行条件、巡视、维护项目、检修项目及工艺；试验规程类标准主要规定产品的试验项目及方法。以变压器为例，变压器技术条件类标准如表 2－1 所示；变压器选用导则类标准如表 2－2 所示；变压器施工及验收规范类标准如表 2－3 所示；变压器运行维护检修导则类标准如表 2－4 所示；变压器试验规程类标准如表 2－5 所示。

表 2－1　　变压器技术条件类标准

标准号	标准名称	标准性质
GB/T 1094.1—2013	电力变压器　第 1 部分：总则	国标
GB/T 1094.2—2013	电力变压器　第 2 部分：液浸式变压器的温升	国标
GB/T 1094.3—2017	电力变压器　第 3 部分：绝缘水平、绝缘试验和外绝缘空气间隙	国标
GB/T 1094.4—2005	电力变压器　第 4 部分：电力变压器和电抗器的雷电冲击和操作冲击试验导则	国标
GB/T 1094.5—2008	电力变压器　第 5 部分：承受短路的能力	国标
GB/T 1094.7—2008	电力变压器　第 7 部分：油浸式电力变压器负载导则	国标
GB/T 6451—2015	油浸式电力变压器技术参数和要求	国标
GB/T 24843—2018	1000kV 单相油浸式自耦电力变压器技术规范	国标
GB/T 23755—2009	三相组合式电力变压器	国标
Q/GDW 1103—2015	750kV 系统用油浸式变压器技术规范	企标
Q/GDW 11306—2014	110（66）～1000kV 油浸式电力变压器技术条件	企标
Q/GDW 312—2009	1000kV 系统用油浸式变压器技术规范	企标
Q/GDW 1794—2013	气体绝缘变压器技术条件	企标

表 2-2 变压器选用导则类标准

标准号	标准名称	标准性质
GB/T 17468—2008	电力变压器选用导则	国标
DL/T 1539—2016	电力变压器（电抗器）用高压套管选用导则	行标
DL/T 1538—2016	电力变压器用真空有载分接开关使用导则	行标
GB/T 10230.2—2007	分接开关　第 2 部分：应用导则	国标
DL/T 1387—2014	电力变压器用绕组线选用导则	行标
DL/T 1388—2014	电力变压器用电工钢带选用导则	行标
DL/T 1094—2018	电力变压器用绝缘油选用指南	行标

表 2-3 变压器施工及验收规范类标准

标准号	标准名称	标准性质
GB 50148—2010	电气装置安装工程　电力变压器、油浸电抗器、互感器施工及验收规范	国标
GB 50835—2013	1000kV 电力变压器、油浸电抗器、互感器施工及验收规范	国标
GB 50776—2012	±800kV 及以下换流站换流变压器施工及验收规范	国标

表 2-4 变压器运行维护检修导则类标准

标准号	标准名称	标准性质
DL/T 572—2010	电力变压器运行规程	行标
DL/T 573—2010	电力变压器检修导则	行标
DL/T 574—2010	变压器分接开关运行维修导则	行标
DL/T 1685—2017	油浸式变压器（电抗器）状态评价导则	行标
DL/T 1684—2017	油浸式变压器（电抗器）状态检修导则	行标
DL/T 310—2010	1000kV 油浸式变压器、并联电抗器检修导则	行标
Q/GDW 11247—2014	油浸式变压器（电抗器）检修决策导则	企标

表 2-5 变压器试验规程类标准

标准号	标准名称	标准性质
GB 50150—2016	电气装置安装工程　电气设备交接试验标准	国标
GB/T 50832—2013	1000kV 系统电气装置安装工程　电气设备交接试验标准	国标
Q/GDW 1168—2013	输变电设备状态检修试验规程	企标
Q/GDW 1322—2015	1000kV 交流电气设备预防性试验规程	企标
Q/GDW 11447—2015	10～500kV 输变电设备交接试验规程	企标
GB/T 24846—2018	1000kV 交流电气设备预防性试验规程	国标
DL/T 911—2016	电力变压器绕组变形的频率响应分析法	行标
DL/T 1093—2018	电力变压器绕组变形的电抗法检测判断导则	行标
DL/T 265—2012	变压器有载分接开关现场试验导则	行标

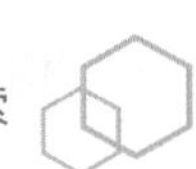

续表

标准号	标 准 名 称	标准性质
DL/T 1534—2016	油浸式电力变压器局部放电的特高频检测方法	行标
DL/T 1807—2018	油浸式电力变压器、电抗器局部放电超声波检测与定位导则	行标
DL/T 722—2014	变压器油中溶解气体分析和判断导则	行标

电力工业技术标准体系按产品的组成可以分为本体类、部件元件类和原材料类。其中，本体类技术标准主要规定产品本体的技术参数、使用条件、安装、施工工艺及验收规范、运维检修项目、试验项目及方法；部件元件类技术标准主要规定产品部件元件的技术参数、运行条件、安装要求、运维检修项目、试验项目及方法；原材料类主要规定产品原材料的技术参数、选用条件、检验项目及方法。需要注意的是，一些部件元件类标准采用的机械行业标准（JB）。以变压器为例，现行变压器本体类技术标准如表 2-6 所示，变压器部件元件类标准如表 2-7 所示，变压器原材料类技术标准如表 2-8 所示。

表 2-6　　变压器本体类技术标准

标准号	标 准 名 称	标准性质
GB/T 1094.1—2013	电力变压器　第 1 部分：总则	国标
GB/T 1094.2—2013	电力变压器　第 2 部分：液浸式变压器的温升	国标
GB/T 1094.3—2017	电力变压器　第 3 部分：绝缘水平、绝缘试验和外绝缘空气间隙	国标
GB/T 1094.4—2005	电力变压器　第 4 部分：电力变压器和电抗器的雷电冲击和操作冲击试验导则	国标
GB/T 1094.5—2008	电力变压器　第 5 部分：承受短路的能力	国标
GB/T 1094.7—2008	电力变压器　第 7 部分：油浸式电力变压器负载导则	国标
GB/T 6451—2015	油浸式电力变压器技术参数和要求	国标
GB/T 24843—2018	1000kV 单相油浸式自耦电力变压器技术规范	国标
GB/T 23755—2009	三相组合式电力变压器	国标
Q/GDW 1103—2015	750kV 系统用油浸式变压器技术规范	企标
Q/GDW 11306—2014	110（66）～1000kV 油浸式电力变压器技术条件	企标
Q/GDW 312—2009	1000kV 系统用油浸式变压器技术规范	企标
Q/GDW 1794—2013	气体绝缘变压器技术条件	企标
GB/T 17468—2008	电力变压器选用导则	国标
GB 50148—2010	电气装置安装工程　电力变压器、油浸电抗器、互感器施工及验收规范	国标
GB 50835—2013	1000kV 电力变压器、油浸电抗器、互感器施工及验收规范	国标

续表

标准号	标　准　名　称	标准性质
GB 50776—2012	±800kV 及以下换流站换流变压器施工及验收规范	国标
DL/T 572—2010	电力变压器运行规程	行标
DL/T 573—2010	电力变压器检修导则	行标
DL/T 1685—2017	油浸式变压器（电抗器）状态评价导则	行标
DL/T 1684—2017	油浸式变压器（电抗器）状态检修导则	行标
DL/T 310—2010	1000kV 油浸式变压器、并联电抗器检修导则	行标
Q/GDW 11247—2014	油浸式变压器（电抗器）检修决策导则	企标
GB 50150—2016	电气装置安装工程　电气设备交接试验标准	国标
GB/T 50832—2013	1000kV 系统电气装置安装工程　电气设备交接试验标准	国标
Q/GDW 1168—2013	输变电设备状态检修试验规程	企标
Q/GDW 1322—2015	1000kV 交流电气设备预防性试验规程	企标
Q/GDW 11447—2015	10～500kV 输变电设备交接试验规程	企标
GB/T 24846—2018	1000kV 交流电气设备预防性试验规程	国标

表 2－7　　　　变压器部件元件类技术标准

标准号	标　准　名　称	标准性质
GB/T 4109—2008	交流电压高于 1000V 的绝缘套管	国标
GB/T 10230.1—2007	分接开关　第 1 部分：性能要求和试验方法	国标
JB/T 5347—2013	变压器用片式散热器	行标
JB/T 8315—2007	变压器用强迫油循环风冷却器	行标
JB/T 8316—2007	变压器用强迫油循环水冷却器	行标
JB/T 6484—2016	变压器用储油柜	行标
JB/T 9642—2013	变压器用风扇	行标
JB/T 10112—2013	变压器用油泵	行标
JB/T 7065—2015	变压器用压力释放阀	行标
JB/T 9647—2014	变压器用气体继电器	行标
JB/T 8317—2007	变压器冷却器用油流继电器	行标
JB/T 10430—2015	变压器用速动油压继电器	行标
JB/T 6302—2016	变压器用油面温控器	行标
JB/T 8450—2016	变压器用绕组温控器	行标
JB/T 5345—2016	变压器用蝶阀	行标
JB/T 11493—2013	变压器用闸阀	行标
JB/T 10319—2014	变压器用波纹油箱	行标

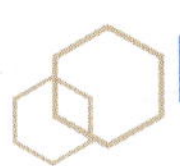

表 2-8　　变压器原材料类技术标准

标准号	标　准　名　称	标准性质
GB 2536—2011	电工流体变压器油和开关用的未使用过的矿物绝缘油	国标
DL/T 1388—2014	电力变压器用电工钢带选用导则	行标
DL/T 1387—2014	电力变压器用绕组线选用导则	行标
JB/T 8318—2007	变压器用成型绝缘件技术条件	行标

多种类的技术标准分布在产品的各个阶段、各个组成部件，需要在工程设计、设备制造、安装施工、交接验收、运维检修等各个环节落实执行，只有每个环节的技术标准执行到位，从理论上讲，安全风险概率才能最低，提高安全生产的概率，也是生产精益化的初衷和目标。

2.3　工作标准精益化

工作标准是针对某项工作要达到的工作要求、工作质量等所制定的标准，它是执行技术标准的主要途径。变电站种类繁多的设备类型应执行的技术标准最终要以业务为载体落实到设备上去。例如设备缺陷需要依托巡视、带电检测、停电试验等业务类型来发现。每一项业务都是由多个岗位、多个环节来完成的，例如检修作业准备阶段如何勘查现场、作业方案要达到什么深度，现场执行时工作负责人负责哪些工作、工作班成员执行哪些工艺流程等环节都需要有具体的标准。严格意义上讲，一项业务所有环节执行标准的有序且合理的集合才是这项业务的工作标准。基于这种思路，可以借鉴精益化的管理思想与方法，将工作标准精益化。

精益管理源自于精益生产，是衍生于20世纪80年代日本丰田公司生产方式的一种管理哲学。进入21世纪，精益管理由最初在生产系统的管理实践成功，已经逐步延伸到企业管理的各个方面，上升为企业战略管理理念。它能够提高顾客满意度、降低成本、提高质量、改善资本投入，从而实现价值最大化。工作标准精益化可以借鉴的精益化思想有以下两点：

（1）提高劳动的有效性。精益化的主要思想之一就是减少浪费，这里的浪费不仅指物料和资金的浪费，也包括劳动力的浪费，换言之，要把变电站有限的岗位和人力资源投入到有效的业务中去，充分考虑投入和产出的效率效益，即提高劳动有效性。例如迎峰度夏期间的防高温工作，对于一些气温不高、负荷增长不明显的地区就可以差异化开展。又如保供电工作，保供电期间应该结合本地区的电网运行方式，重点针对不满足 $N-1$ 的变电站开展供电保障。如果泛泛地对所有变电站按保供电标准执行，工作量远远超出运维人员的承受能力，其结果就是疲于应对，质量无法保证。究其根源就是没有结合本地区环境和电网的实际，工作标准不够精益化。找出变电站各类业务、各环节中存在的不必要劳动，并进行重新分配或剔除，最大限度地降低无效劳动，是工作标准精益化的主要方向。

（2）实现全面控制。全面控制企业运营的各类要素、各个环节也是精益化管理的主要方向。可以从变电站要素角度来思考工作标准的精益化问题。变电站有三要素，即业务、人员、设备。从业务角度分析，技术标准以业务为载体落实到设备上，业务执行的质量靠的就是工作标准，工作标准的精益化可以实现业务受控。工作标准的精益化必须坚持按业务制定标准，再进一步讲，如果一项业务能够完整地体现在工作票、作业指导卡、工作记录等环节上并有具体的标准，那么这项业务的工作标准就达到了精益化。以检修标准化作业为例，精益化的工作标准如表 2-9 所示。从前期现场勘查、工器具准备、工作票及作业文本编制到现场作业、工作验收等所有环节都有具体的模板，模板中规定了票、卡、记录的填写标准。从人员角度分析，一项业务的多个环节是按照业务流程分配到不同岗位来执行的，而变电站任一岗位的工作人员承担多个业务的多个环节。按岗位所涉及业务的工作标准制定岗位职责，就达到了岗位职责的精益化，岗位职责的精益化可以实现人员受控。从设备角度分析，业务受控、人员受控就可以保障技术标准在设备上得到落实，“业务受控”＋“人员受控”从理论上可以认为“设备受控”。

表 2-9　　标准化作业工作标准

业务类型	工　作　标　准
标准化作业	（1）作业前开展现场勘查，按模板×填写现场勘查记录。 （2）编制工作票及作业文本。工作票按第一种工作票，大、中型作业按模板×编制作业方案，小型作业按模板×编制作业方案和作业指导卡。 （3）检查所需工器具及备品物资，按模板×填写检查记录。

续表

业务类型	工 作 标 准
标准化作业	(4)布置安全措施，召开班前会进行安全交底，按模板×填写安全技术交底记录安排工作任务，并在工作票上签字确认。 (5)按标准化作业文本开展作业，并填写检查及测试记录。 (6)作业完成后，开展工作自验收并在作业文本上填写验收记录。 (7)将设备及安全措施恢复至开工前状态，撤离工作人员，清理材料工具，按工作票办理工作终结

2.4 管理标准精益化

管理标准是对标准化领域中的管理事项所做的统一规定。对于变电站标准化体系而言，管理标准相当于企业内部监管机制。监管的对象是变电站生产业务和员工行为，目标是掌控业务工作标准的执行质量和员工岗位职责的履行质量。以例行巡视为例，运维值班员巡视作业指导卡执行的质量如何、巡视记录是否按标准填写，需要由值班长审核把关。如果发现设备缺陷，值班长还需要核实缺陷情况并向运维班长汇报，由运维班长汇报给上级管理人员，由上级管理人员安排检修专业人员消缺处理。这是一个典型的业务流程，通过不同岗位员工的流程管理，可以有效控制业务质量和员工履职质量。可见，业务流程是管理标准精益化的关键。

2.4.1 规范业务流程

在 ISO 9000 族标准中业务流程的定义为：一组将输入转化为输出的相互关联或相互作用的活动。随着企业管理精益化的发展，业务流程的内涵是以企业经营业务活动为对象，规范、高效、有序的一种科学的管理活动。迈克尔·哈默在他的《超越再造》一书中提出一个重要观点："公司走向以流程为中心并不是创造或发明它们的流程。因为流程本来就在那里，只是没有受到相应的尊重。"由此可见流程是客观存在的，企业应该重视业务的流程化管理。流程具有六个特性：目标性、内在性、整体性、动态性、层次性和结构性。变电站的标准化建设涵盖运维、检修、试验三个专业的全业务类型，涉及各专业所有岗位人员的协作，标准化的业务流程是不可或缺的。业务流程标准化能够很好地起到内部监管的作用，很大程度上规避管理风险。业务流程标准化可以借鉴以下管理方法：

（1）PDCA循环。PDCA即Plan计划、Do执行、Check检验、Action处理的循环，由管理学家戴明博士创立。PDCA循环的整个过程不仅仅是机械地重复，而是在重复中不断提高和上升，每一次循环获得提升后，下次循环时再制订新的目标，经过不断地解决管理中存在的问题，使变电站标准化水平逐步提升趋于完善。

（2）组织协同。企业的业务流程不是孤立存在于某个生产线，而是各职能单元和多功能岗位的有机结合。在变电站生产运营中，大部分业务都需要各专业之间、各岗位之间的协同配合，例如设备缺陷管理、状态评价、故障抢修等业务，没有标准化的业务流程就无法建立专业和岗位之间的协同关系，很难实现变电站的高效运转。

（3）统筹规划。精益化管理要求投入的人、财、物要产生应有的效果，追求投入与产出之间的效率效益。特别是在当前国资国企改革和电力体制改革并行向前的背景下，人、财、物已经高度集约，这就要求在制订业务流程时一定要充分考虑地区特点、电网条件和设备实际，按业务类型合理分配人力、财力、物力资源，将有限的资源发挥出最大的效益。特别是一些地区性、季节性强的业务，制订业务流程必须坚持“高效适度”的原则。

2.4.2 岗位职责精益化

企业中岗位是组织结构中最基本的功能单元，职责是按照企业的组织目标，以系统性岗位分析为基础，对企业经营业务进行设计、分解，达到岗位职责明晰、岗位之间高效分工与协作的目的，最终达到企业的价值目标。岗位精益化管理作为一种现代管理理念，将岗位视为企业的一种投入，再从岗位来实现企业的产出，其实质就是通过岗位价值的最大化来实现企业效益的最大化。

企业的岗位职责必然与其经营的业务有关，业务质量是靠工作标准来保证的，而不落实到岗位职责的工作标准只能称之为业务标准，其结果就是束之高阁，业务质量也就无法保障。还以检修作业为例，虽然明确了检修作业这项业务的工作标准，但是什么岗位的人员组织现场勘查、什么岗位的人员编制作业文本、什么岗位的人员负责审核作业文本等问题就是岗位职责要解决的问题。按岗位所涉及业务的工作标准制订岗位职责是变电站岗位职责精益化的方向，

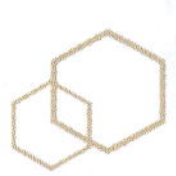

也是解决人员受控的关键。

岗位职责精益化对变电站标准化建设的作用主要体现在以下三个方面：①可量化、有明确标准的岗位职责能够增强员工的责任意识，提高考核评价的公信力，激发员工的潜能。②按岗位职责内工作标准的执行质量选择人员进行特定业务的培训，有利于提高员工培训的效率效益。③精益化的岗位职责有利于员工队伍的培养和专业传承，最大限度地降低员工更迭对变电站生产运行的影响。

岗位职责精益化应遵循以下原则：①分工明确有序协调原则。岗位需要根据企业整体目标要求进行明确的分工，所规定的职责要以实现企业目标为依据，各岗位具有明确的职责又能协调运作，以最大化实现企业的效能。②目标管理定性与定量化结合原则。对员工的任务目标、完成时限等，既有定性的说明也有可量化、可执行的工作标准。③奖优惩劣原则。把考核评价结果作为员工工作业绩的重要依据，与绩效奖金、评级评优、晋升提拔挂钩，最大限度地调动和激发变电站员工的责任心和积极性。以运维值班员为例，按其岗位所涉及业务的工作标准制订岗位职责说明书，运维值班员岗位职责说明书如表 2-10 所示。

表 2-10　　运维值班员岗位职责说明书

岗位名称：运维值班员	
业务类型	工　作　标　准
例行巡视	（1）根据值班长安排进行现场巡视。 （2）巡视应执行巡视标准化作业指导卡，保证巡视质量。 （3）完成巡视后按模板×填写巡视记录
设备维护	（1）按周期开展维护工作。 （2）维护应执行设备维护标准化作业指导卡，保证维护质量。 （3）完成维护后按模板×填写维护记录
其他业务	（1）按模板×编写×××票（卡）。 （2）执行×××票（卡）。 （3）按模板×填写××记录

2.4.3　精益化考核评价

岗位职责规定了员工行为的客观准则，但其主观行动执行的质量，就需要政策性牵引。考核评价是控制员工主观行动的管理手段，也是解决人员受控的重要举措，其实质是员工的绩效管理。绩效管理是企业为了实现经营目标，以经济方式激励集体和员工的政策行为，它代表了企业的经营理念和战略导向。绩效管理能否符合企业的战略目标取决于绩效指标体系是否适应企业的经营业务和岗位设置，建立科学合理的绩效指标是绩效管理的首要任务。在这个问题上，可以借鉴关键绩效指标理论。关键绩效指标（key performance indicator，KPI）是一种目标式量化管理指标，以企业经营和战略目标为导向，用于衡量员工履职尽责的质量。同时作为激励和约束员工的机制，有效调动员工主观行动的积极性与主动性。在设计 KPI 时，应把握“SMART”原则，具体为 S＝Specific（具体的），M＝Measurable（可衡量的）、A＝Attainable（可达成的），R＝Relevant（相关的），T＝Time－bound（有一定期限的）。在选择关键绩效指标时应遵循定量化与定性化相结合，对可以用数量来衡量的过程或结果，应该采取科学的方法来设定定量指标，确保评价是客观、公正的；对难以衡量的工作过程或结果，则应细化分解到多个维度，设定具有明确考核标准的定性指标。

这么来看，精益化的岗位职责就是变电站员工的“KPI”，就可以以此为基础设计基于岗位职责的精益化考核体系。以运维值班员为例，基于岗位职责的精益化考核体系如表 2－11 所示。精益化的考核体系能够保证同一岗位员工的考核标准完全一致，量化过程更具可操作性，考核结果更具公信力。同时可提高企业管理科学化、规范化水平，保障人力资源环境公正、公开与公平。

考核评价结果的分析应用也是一项重要内容。对于员工而言，在知晓考核结果后很清楚自己与同一岗位员工的差距，可以准确地找到主观行为的努力方向。对于企业而言，考核结果可作为员工职业发展、奖金激励、评优选先的依据，为制订员工培训提升计划提供指导，为企业经营管理决策提供支撑。

表 2－11　　基于岗位职责的精益化考核体系

<table>
<tr><th colspan="2">岗位名称：运维值班员</th><th rowspan="2">考核评价</th></tr>
<tr><th>业务类型</th><th>工　作　标　准</th></tr>
<tr><td>例行巡视</td><td>（1）根据值班长安排进行现场巡视。
（2）巡视应按巡视标准化作业指导卡执行，保证巡视质量。
（3）完成巡视后按模板×填写巡视记录</td><td>……
×月×日，巡视不到位，未能及时发现××设备缺陷，扣×分
……</td></tr>
</table>

续表

岗位名称：运维值班员		考核评价
业务类型	工　作　标　准	
设备维护	（1）按周期开展维护工作。 （2）维护应按设备维护标准化作业指导卡执行，保证维护质量。 （3）完成维护后按模板×填写维护记录	…… ×月×日，维护工作完成后，未及时填写维护记录，扣×分
其他业务	（1）按模板×编写×××票（卡）。 （2）执行×××票（卡）。 （3）按模板×填写××记录	……

2.4.4 实行差异化培训

员工培训的有效性在根源上取决于培训需求分析的准确性。所谓培训需求分析，是指在规划与设计每项培训活动之前，采用各种方法与技术，对员工的业务知识与技能水平等岗位职责所要求的胜任力进行系统的鉴别与分析，以确定是否需要培训及培训内容的过程。基于胜任力模型的员工培训理论最早由哈佛大学教授戴维·麦克利兰于1973年正式提出。该理论认为胜任力是一种个人的深层次特征，它可以有效地将卓越员工与普通员工区分开来，这种深层次特征包括动机特质、自我形象态度价值观、某领域的特殊技能等一切可以被测量的能与他人显著区分的个体特征。员工的胜任力模型可以这样定义：为达到企业经营和战略目标的某一特定岗位所需要的知识和技能的组合。对于变电站而言，胜任力模型可以描述为“企业目标—岗位职责—考核结果”，其中企业目标也就是保障生产安全，最根本的是落实技术标准、工作标准和管理标准。利用基于岗位职责的精益化考核体系能够得到定量化的考核结果，考核结果可以直接应用于培训需求分析，将考核评价与培训需求一体化设计，如表2-12所示。这样就可以为制订有效的培训计划和内容提供依据，对同一岗位但不同胜任力的员工实行差异化的培训。以某变电站运维值班员岗位为例，共有员工9人，其中5人的考核结果显示设备维护业务执行质量达不到要求，那么制订培训计划时首先应针对这项业务进行培训提升。另外4人未发生过此类问题就不需要参加这样业务的培训。再比如，只有1名值班员例行巡视业务执行质量达不到要求，有关巡视方面的培训只需派此员工参加即可。

培训效果评估也是培训体系的重要内容。其作用是总结培训效果，检验培训体系的有效性，同时还能发现新的培训需求。比如上述变电站 5 名值班员参加设备维护业务培训后，全部没有再次发生这项业务的执行质量问题，说明培训达到了理想的效果。如果仍然有大部分值班员发生这项业务的执行质量问题，说明培训没有起到作用，应调整培训的方式和内容。

表 2-12　　　　考核评价与培训需求一体化设计

岗位名称：运维值班员		考核评价	培训需求
业务类型	工作标准		
例行巡视	（1）根据值班长安排进行现场巡视。 （2）巡视应按巡视标准化作业指导卡执行，保证巡视质量。 （3）完成巡视后按模板×填写巡视记录	…… ×月×日，巡视不到位，未能及时发现××设备缺陷，扣×分 ……	…… 建议参加巡视业务培训 ……
设备维护	（1）按周期开展维护工作。 （2）维护应按设备维护标准化作业指导卡执行，保证维护质量。 （3）完成维护后按模板×填写维护记录	…… ×月×日，维护工作完成后，未及时填写维护记录，扣×分	…… 建议由值班长组织员工学习设备维护工作标准
其他业务	（1）按模板×编写×××票（卡）。 （2）执行×××票（卡）。 （3）按模板×填写××记录	……	……

2.4.5　全面风险管控

全面风险管控要遵循“科学性、系统性、全面性、预测性”的原则，从人、物、管理和环境四个方面查找生产过程中可能遇到的各类风险因素，进行分析、归纳和整理，发现风险的规律、制订控制方法。比如变电站防汛、防风、防高温等季节性防风险运维措施是基于变电站多年的运行经验和自然天气的规律性掌握，充分体现了运行风险管控的科学性和预测性。再比如制订大、中型检修作业总体方案时，除了需要有详细的组织措施、技术措施和安全措施，还要求成立现场指挥部统一指挥，各个作业面还要有各自作业面的方案，充分体现了

作业风险管控的系统性和全面性。

风险辨识是全面风险管控的首要环节。只有在全面了解各种风险的基础上，才能够预测风险可能造成的危害，从而选择处理风险的有效措施。从风险辨识的角度分析变电站风险，其风险可以归结为两大类，即运行风险和作业风险。运行风险有来自外部的，也有内在的。比如恶劣天气对变电站的影响，就属于外部风险，再比如设备本身的缺陷、不满足反措要求的隐患，就属于内在风险。作业风险主要包括人身伤害、检修不符合工艺要求、试验方法不正确、误动设备等分布在作业各个环节的风险。

风险评估是全面风险管控的基本保障，是诊断、分析企业各类安全生产风险的关键。风险评估不仅使风险管理建立在科学的基础上，而且使风险分析定量化，为风险控制提供可靠的科学依据。按照《国家电网公司安全事故调查规程》（国家电网安监〔2011〕2024 号），运行风险评估可以对应《安全事故调查规程》中可能发生的 1～8 级电网事件和设备事件，其中 1～4 级电网事件对应《电力安全事故应急处置和调查》（中华人民共和国国务院令第 599 号）中定义的特别重大事故、重大事故、较大事故和一般事故。作业风险评估可以对应《安全事故调查规程》中可能发生的 1～8 级人身事件、设备事件和电网事件，其中1～4 级人身事件对应《生产安全事故报告和调查处理条例》（中华人民共和国国务院令第 493 号）中定义的特别重大事故、重大事故、较大事故、一般事故；1～4 级电网事件对应《电力安全事故应急处置和调查》（中华人民共和国国务院令第 599 号）中定义的特别重大事故、重大事故、较大事故和一般事故。

风险控制是指通过人们在生产过程中认识危险的客观存在的变化规律，对可能导致事故发生的风险点，提前进行分析识别和预测，有针对性制订控制措施，从而实现安全生产的一种方法。当风险成因达到一定指标时，发出风险预警信息，启动应急预案，实施风险防控措施，合理配置资源，最大限度地预防和减少高等风险及其造成的危害。对于来自外部的运行风险，在掌握规律的基础上可以采取机制性、针对性的专项保障业务，如防寒、防潮、防外破等专项业务。对于来自内在的运行风险，最根本的就是落实技术标准，只要技术标准得到完整、有效的落实，可以认为内在的运行风险是可控的。对于作业风险，避免人身伤害、误动设备主要依靠工作票制度，工作票实质也是一种工作标准；

修试不到位，其实质是检修、试验业务的工作标准执行不到位，业务流程执行不严，致使管理标准也失去了监管的作用。

如此来看，从全面风险管控理论分析，变电站标准化体系就是风险管控的科学依据和有效管理机制。

2.5 “一标双控” 标准化体系

基于技术标准、工作标准、管理标准“三大标准”体系，借鉴精益化管理、业务流程管理、风险管控等理论，前文分别论述了工作标准精益化、管理标准精益化的方法和路径。在此基础上，进一步提出变电站“一标双控”标准化体系，其模型如图 2－1 所示，其中工作标准与业务流程和岗位职责的关系如图2－2所示。

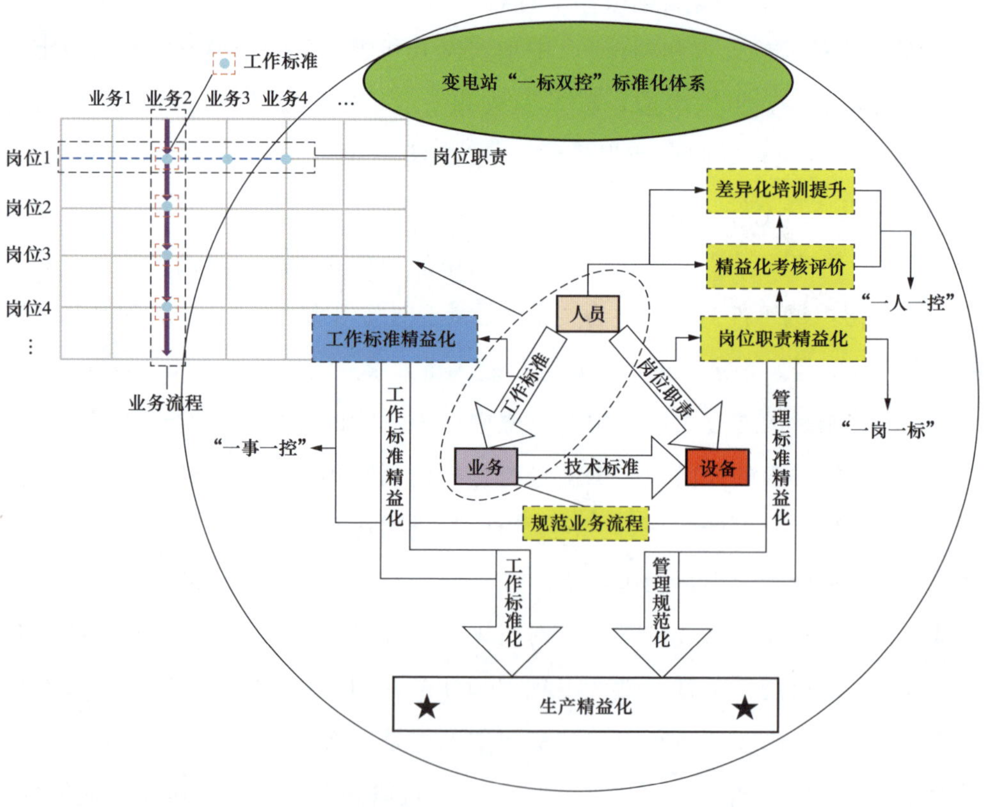

图 2－1　变电站“一标双控”标准化体系模型

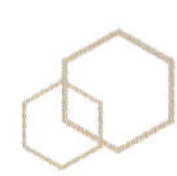

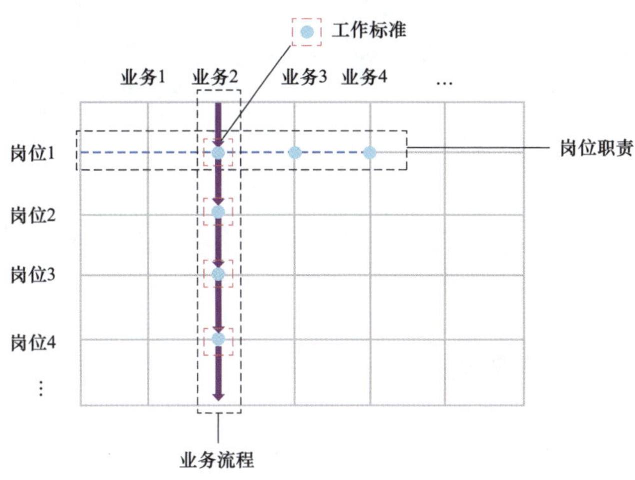

图 2－2 工作标准与业务流程和岗位职责的关系

图 2－1 诠释了变电站“一标双控”标准化体系的理论内涵。严格落实技术标准是设备安全稳定运行的核心要务，业务是落实技术标准的载体，工作标准精益化是业务执行质量的保障机制，管理标准精益化是业务和人员的全面监管机制，包括规范业务流程、岗位职责精益化、精益化考核评价和差异化培训。图 2－2 中横向网格线表示岗位，纵向网格线表示业务，横向网格线与纵向网格线的交点代表某一项业务在某一岗位环节上的工作标准。纵向紫色箭头表示业务流程，任一项业务都是由多个岗位执行本岗位环节上的工作标准且按照业务流程来完成的。那么，横向蓝色虚线就是某一岗位涉及的所有业务在本岗位环节上的工作标准的集合，也就是岗位职责。将“岗位职责精益化”定义为“一岗一标”，“规范业务流程”＋“工作标准精益化”定义为“一事（业务）一控”，“精益化考核评价”＋“差异化培训”定义为“一人一控”，简称“一标双控”。将“工作标准精益化”简称为“工作标准化”，“管理标准精益化”简称为“管理规范化”，以工作标准化和管理规范化作为实施途径，实现变电站生产精益化的总目标。

变电站“一标双控”标准化体系的实践意义如下：标准化体系是变电站生产安全的制度保障，其关键在于“与岗位相匹配、与设备相结合、与人员相协调”。“一标双控”标准化体系可以达到“业务流程明确、工作标准清楚、岗位职责清晰、考核评价透明、培训提升精准”的效果，进而实现变电站全面风险管控，确保安全生产管控的及时性、有效性。

3　变电站标准化体系建设与实践

3.1　变电运维典型实践

3.1.1　变电运维班岗位与业务

变电运维班的典型岗位设置为：班长、技术员、值班长、值班员，承担的运维业务可分为 9 大类 49 项。9 大类业务包括运维基础管理、新工程（设备）投运、设备巡视、运行操作、现场作业管理、专项预防运维管理、设备缺陷及故障处理、运维装备设施管理、设备评价。其中运维基础管理包括 8 项业务：交接班、运维计划、文明生产、台账及运维记录、档案资料管理、技术培训、安全活动、运维分析；新工程（设备）投运包括 3 项业务：生产准备、设备验收、运行规程；设备巡视包括 7 项业务：例行巡视、熄灯巡视、特殊巡视、全面巡视、专业巡视、智能巡检、保供电；运行操作包括 2 项业务：倒闸操作、防误闭锁装置管理；现场作业管理包括 5 项业务：工作票管理、设备维护、轮换试验、带电检测、外来人员管理；专项预防运维管理包括 13 项业务：消防管理、防污闪、防汛、防（台）风、防寒、防高温、防雷、防潮、防小动物、防鸟害、防沙尘、防地震、防外力破外；设备缺陷及故障处理包括 2 项业务：设备缺陷管理、故障及异常处理；运维装备设施管理包括 6 项业务：安全工器具管理、仪器仪表管理、备品备件管理、危险品管理、生产用车管理、辅助设施管理；设备评价包括 3 项业务：精益化管理评价、设备年度状态评价、设备动态评价。

3.1.2　例行巡视业务概述

以例行巡视为例。例行巡视是指对站内设备及设施外观、异常声响、设备渗漏、监控系统、二次装置及辅助设施异常告警、消防安防系统完好性、变电

站运行环境、缺陷和隐患跟踪检查等方面的常规性巡查，具体巡视项目按照现场运行通用规程和专用规程执行。

3.1.3 例行巡视业务流程

例行巡视工作流程如图 3-1 所示。

3.1.4 工作记录

例行巡视记录模板如表 3-1 所示。

表 3-1 例 行 巡 视 记 录

变电站		电压等级	
巡视日期		变电站类别	
巡视类型	例行巡视	天气	
气温（℃）		巡视班组	
巡视人		是否使用巡检仪巡视	
巡视开始时间		巡视结束时间	
巡视内容			
巡视结果			
备注			

3.1.5 例行巡视标准化作业指导卡

以变压器为例，其他设备类型可参考此模版，结合变电站实际进行编制，变压器巡视内容及标准模板见表 3-2。

3.1.6 “一体化”岗位职责说明书

以例行巡视为例，变电运维班各岗位的职责说明书如表 3-3～表 3-6 所示。各岗位涉及的其他业务可按此模板添加。

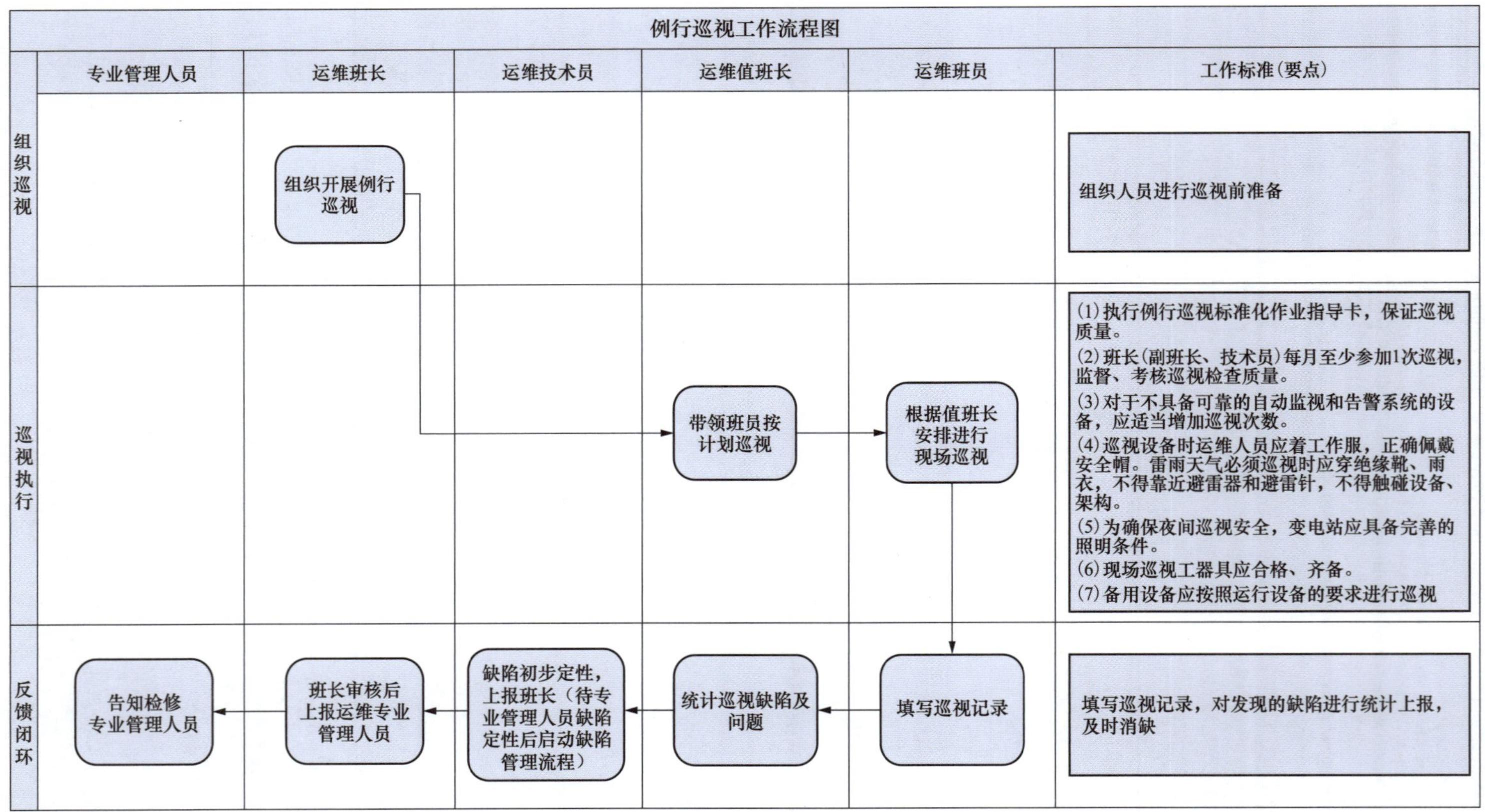

图 3－1 例行巡视工作流程图

表 3－2　　变压器例行巡视内容及标准

设备部位	巡视项目	巡视标准	图例	
本体	温度	（1）本体温度计完好、无破损。 （2）检查上层油温数值不超过 95℃（85℃）	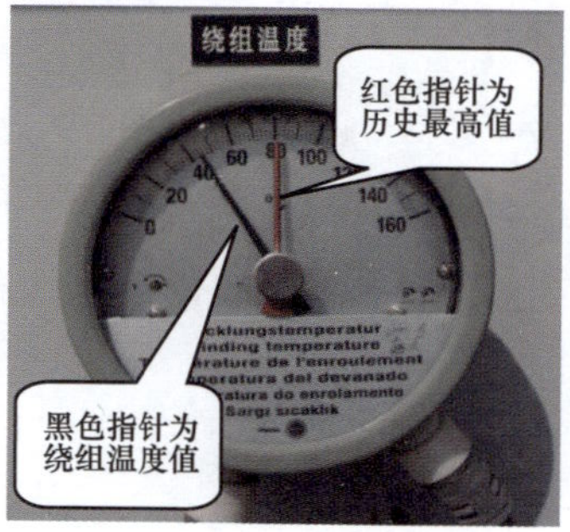 绕组温度 红色指针为历史最高值 黑色指针为绕组温度值	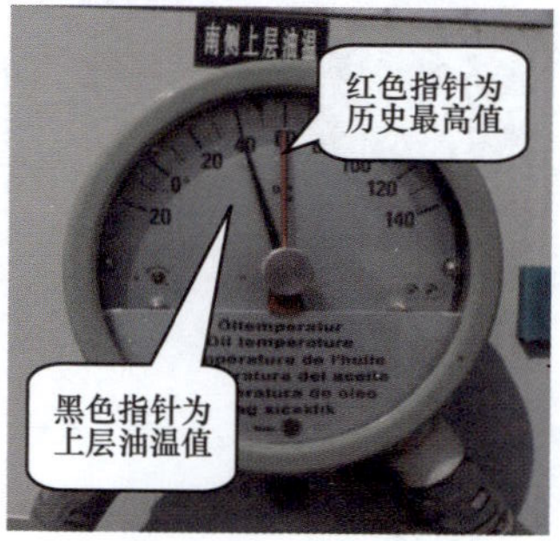 南侧上层油温 红色指针为历史最高值 黑色指针为上层油温值
	油色、油位	（1）观察储油柜油位表的刻度，与温度曲线进行比对。 （2）油色应为透明的淡黄色。 （3）油位表无破损和渗漏油	 红线为40℃、20℃、−30℃线	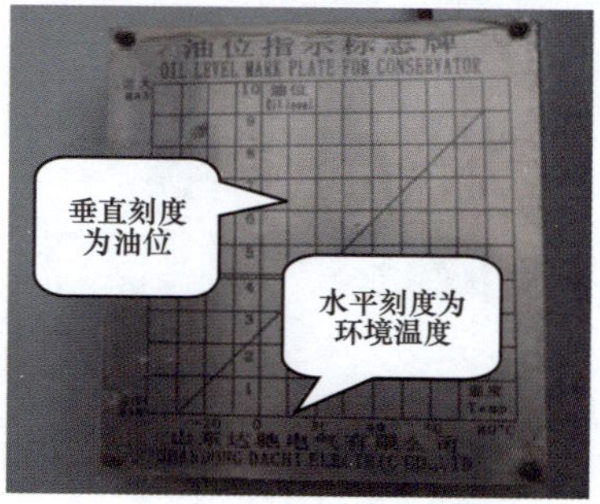 油位指示标志牌 OIL LEVEL MARK PLATE FOR CONSERVATOR 垂直刻度为油位 水平刻度为环境温度

续表

设备部位	巡视项目	巡视标准	图例	
本体	渗漏油	接缝、阀门、法兰、油泵、储油柜等无渗漏油	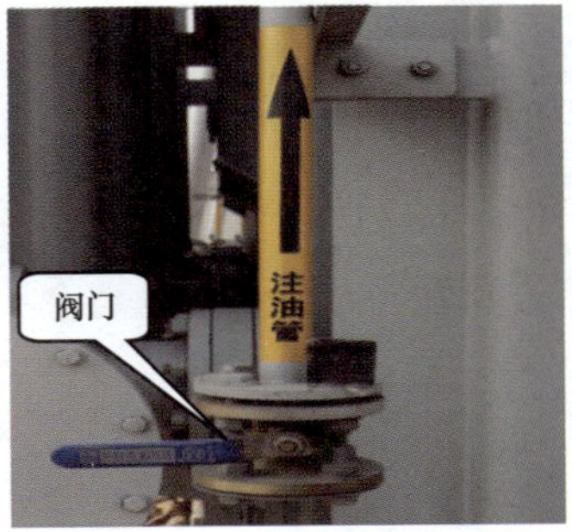 阀门 注油管	 接缝
	气体继电器	（1）气体继电器内应充满油，油色应为淡黄色且透明，无渗漏油，内无气体。 （2）防雨措施完好、牢固。 （3）气体继电器的引出二次电缆应无油迹和腐蚀现象，无松动	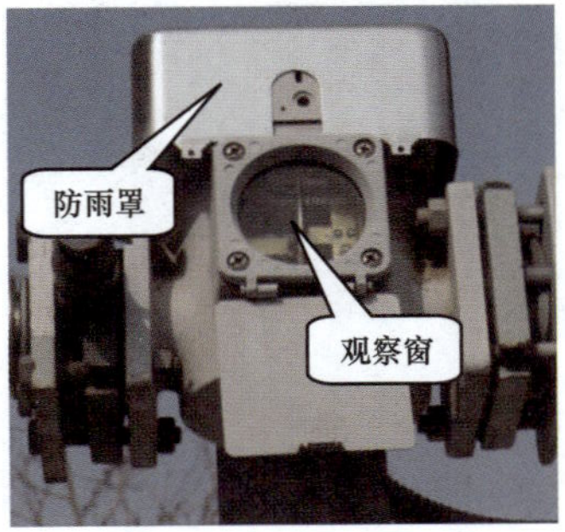 防雨罩 观察窗	 二次电缆

续表

设备部位	巡视项目	巡视标准	图例	
本体	声音	（1）正常应为均匀的嗡嗡声音。 （2）无放电声音及异常振动等现象		
	压力释放装置	（1）有无渗漏油，二次引线及护管无破损。 （2）防爆膜完好无损。 （3）指示杆未突出，无喷油痕迹		

续表

设备部位	巡视项目	巡视标准	图例	
本体	呼吸器	（1）硅胶有无变色受潮，受潮变色部分不超过总量的2/3。 （2）油杯完好，无破损。 （3）油位正常，应在上、下油位标志线之间。 （4）密封良好，如硅胶上部先变色，可判断为密封不良。 （5）呼吸应畅通，随着负荷和油温的变化有气泡产生，如无气泡产生，则说明有堵塞现象，应及时处理	硅胶	油杯
	接地装置	（1）各部件的接地应完好，无锈蚀。 （2）铁芯和外壳接地线应良好。铁芯接地线电流应不大于100mA	铁芯接地 夹件接地	外壳接地

续表

设备部位	巡视项目	巡视标准	图例	
本体	调压装置	（1）分接开关的分接位置及电源指示应正常。 （2）调压开关、操动机构无渗漏油。 （3）无不正常的噪声和振动	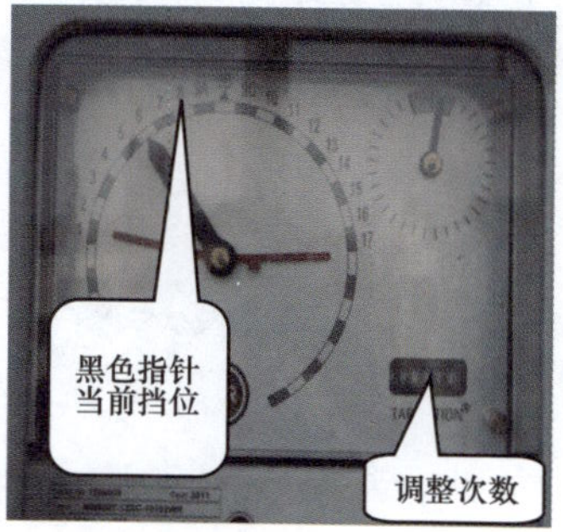	
三侧套管	油位、油色	（1）油位应在上、下油位标志线之间。 （2）无破损、裂纹、放电痕迹及其他异常现象。 （3）油色应为透明的淡黄色。 （4）引流线无破股，接线板无异常。 （5）雪天、雨天接头无熔化或蒸汽。 （6）接线端子实测温度与环境温度的差值不大于 45℃	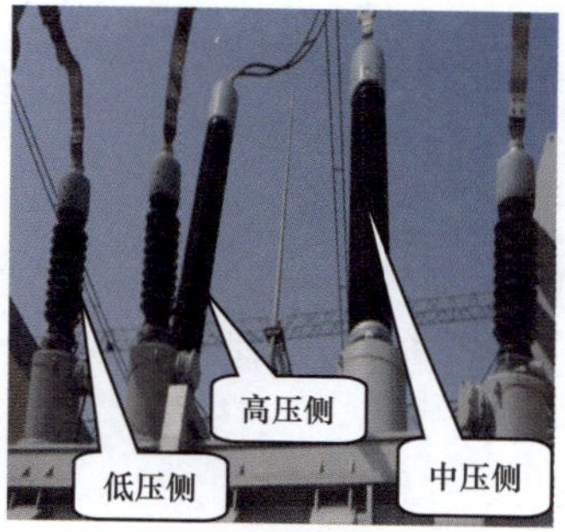	

续表

设备部位	巡视项目	巡视标准	图例	
导流引线	发热现象	（1）线夹压接牢固、接触良好，无变色、变形。 （2）主导流接触部位无变色，有无氧化加剧，有无示温片或变色漆融化变色现象		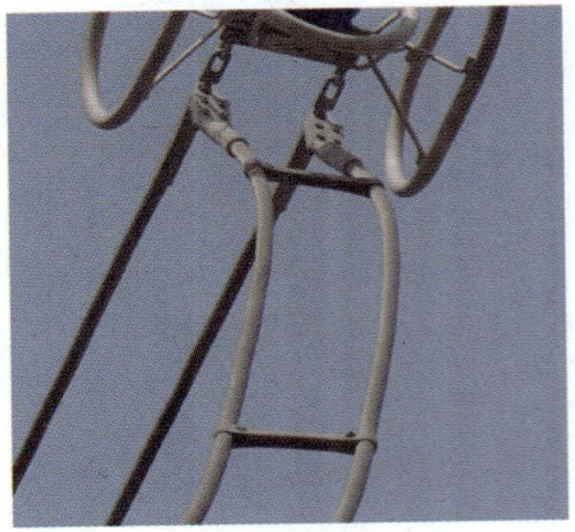
	导流引线	（1）引线无断股、无烧伤痕迹。 （2）导线弧垂变化是否明显，无挂落异物		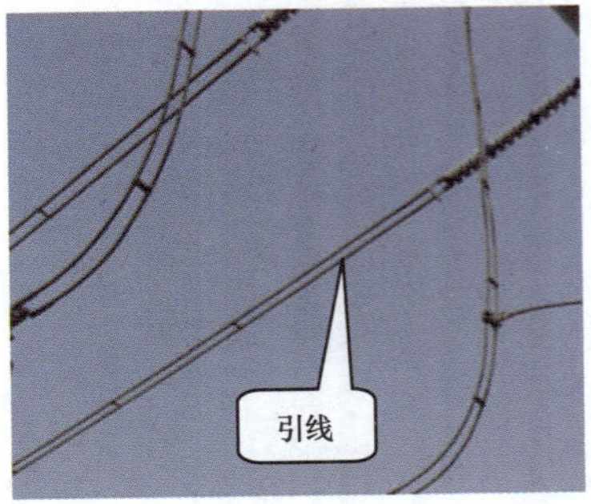

续表

设备部位	巡视项目	巡视标准	图例	
导流引线	绝缘子	（1）应清洁，无破损、裂纹、无放电声。 （2）各侧绝缘子安装牢固		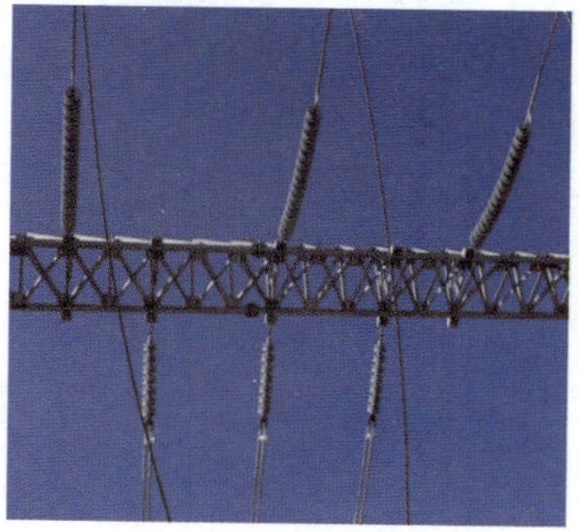
冷却系统	散热器	（1）散热装置清洁，散热片不应有过多的积灰等附着脏物。 （2）各散热器手感温度应相近		

续表

设备部位	巡视项目	巡视标准	图例	
冷却系统	油泵、风扇	（1）油泵运转正常。 （2）风扇电动机声响正常，风扇叶子无抖动碰壳现象	 风扇	 油泵
	油流继电器	（1）运行中冷却器的油流继电器应指示在“流动位置”，无颤动现象。 （2）运行中油流继电器指示异常时，应检查油流继电器挡板无损坏脱落	 流动位置	

续表

设备部位	巡视项目	巡视标准	图例	
中性点设备	接地装置	（1）套管无破损、裂纹，引线连接良好。 （2）接地装置完好、无开焊及锈蚀	 放电间隙 接地开关	 接地
	电流互感器	（1）套管无破损、裂纹，引线连接良好。 （2）无渗漏油现象。 （3）油位、油色正常		

续表

设备部位	巡视项目	巡视标准	图例	
中性点设备	避雷器	（1）外观清洁无锈蚀。 （2）内部应无响声。 （3）计数器完好。 （4）泄漏电流应在正常范围内。 （5）引线完好，接触牢靠，线夹无裂纹		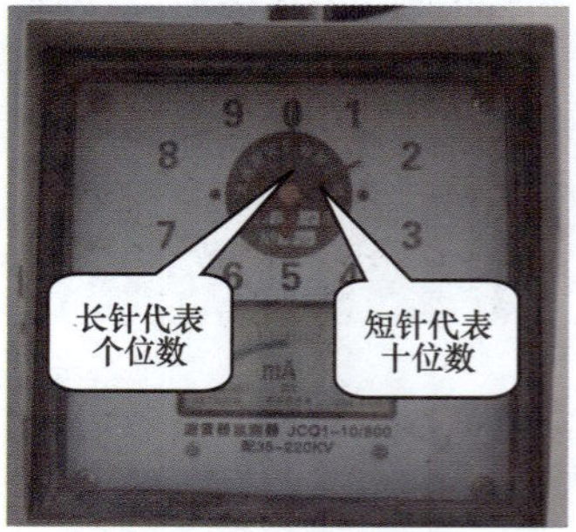
端子箱、控制箱	箱体外部	（1）箱门关闭严密，无受潮。 （2）箱体外部油漆完整，无锈蚀、破损	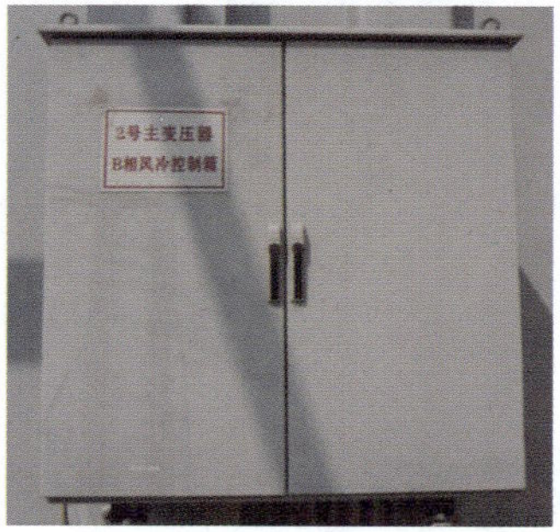	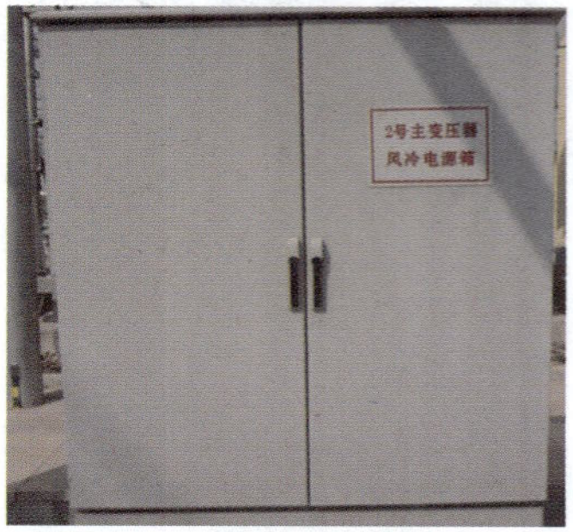

续表

设备部位	巡视项目	巡视标准	图例
端子箱、控制箱	箱体内部	（1）接触器接触良好，风冷交流电压开关正常投入。 （2）各工作方式开关的切换位置正确。 （3）箱内各继电器运行正常。 （4）箱内加热器、照明均正常，温控装置工作正常。 （5）箱内接线无松动、无脱落、无发热痕迹。 （6）封堵良好。 （7）检查Ⅰ段电源工作正常	

续表

设备部位	巡视项目	巡视标准	图例	
其他	主变压器排油注氮灭火装置	（1）氮气压力表指示正常。 （2）氮阀机械锁定锁销已解除。 （3）油阀机械锁定锁销已解除。 （4）油路、气路管道无渗漏油、漏气现象。 （5）油路、气路管道阀门位置正确。 （6）紧急投入装置密封玻璃良好		

续表

设备部位	巡视项目	巡视标准	图例	
其他	附属设施	（1）在线监测装置应保持良好状态。 （2）事故储油坑的卵石层厚度应符合要求，排油管道畅通。 （3）设备编号齐全、清晰、无损坏，相序标注清晰		
	设备基础	（1）设备基础牢固，无倾斜、变形、破损。 （2）各侧龙门架基础牢固，无倾斜、变形、破损。 （3）钢构部分完整、牢固，无变形、倾斜、锈蚀，无搭挂杂物及鸟巢等		

表 3-3　运维班长岗位职责说明书

岗位名称：运维班长		考核评价	培训需求
业务类型	工作标准		
例行巡视	（1）组织开展例行巡视。 （2）对发现的缺陷等问题进行最终审核，上报运维专业管理人员		
……	……		

表 3-4　运维技术员岗位职责说明书

岗位名称：运维技术员		考核评价	培训需求
业务类型	工作标准		
例行巡视	对缺陷问题进行初步定性，上报给班长（待专业管理人员缺陷定性后启动缺陷管理流程）		
……	……		

表 3-5　运维值班长岗位职责说明书

岗位名称：运维值班长		考核评价	培训需求
业务类型	工作标准		
例行巡视	（1）带领班员按计划开展巡视。 （2）统计巡视发现的缺陷和问题		
……	……		

表 3-6　运维值班员岗位职责说明书

岗位名称：运维值班员		考核评价	培训需求
业务类型	工作标准		
例行巡视	（1）根据值班长安排进行现场巡视。 （2）巡视应执行标准化作业指导卡，保证巡视质量。 （3）按照要求完成巡视并填写巡视记录		
……	……		

3.2 变电检修典型实践

3.2.1 变电检修班岗位与业务

变电检修班的典型岗位设置为班长、技术员、工作负责人、班员，承担

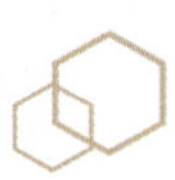

的检修业务可分为4大类17项。4大类业务包括检修基础管理、检修装备管理、设备评价、现场作业管理。其中检修基础管理包括3项业务：人员培训、安全活动、档案资料管理；检修装备管理包括4项业务：仪器仪表管理、工机具管理、备品备件管理、生产用车管理；设备评价包括3项业务：精益化管理评价、设备年度状态评价、设备动态评价；现场作业管理包括7项业务：检修计划、标准化作业、专业巡视、缺陷管理、故障抢修、保供电、设备验收。

3.2.2 标准化作业业务概述

以标准化作业为例。标准化作业是指对变电检修工作细化工作步骤、量化关键工艺，工作前严格审核，工作中严格执行工作标准，工作后责任可追溯，确保作业质量的工作过程。

3.2.3 标准化作业业务流程

标准化作业工作流程如图3-2所示。

3.2.4 工作记录

（1）现场勘察记录模板如下。

现 场 勘 察 记 录

勘察单位____________ 部门（班组）____________ 编号____________

勘察负责人 ×××　　勘察人员 ×××、×××

勘察设备的双重名称（多回应注明双重称号）：

×××变电站：×××

现场勘察内容：

1. 工作地点需要停电的范围：
2. 保留的带电部位：
3. 作业现场的条件、环境及其他危险点：

续表

4. 应采取的安全措施：
5. 附图与说明：

记录人：______　　勘察日期：______年___月___日___时___分至___日___时___分

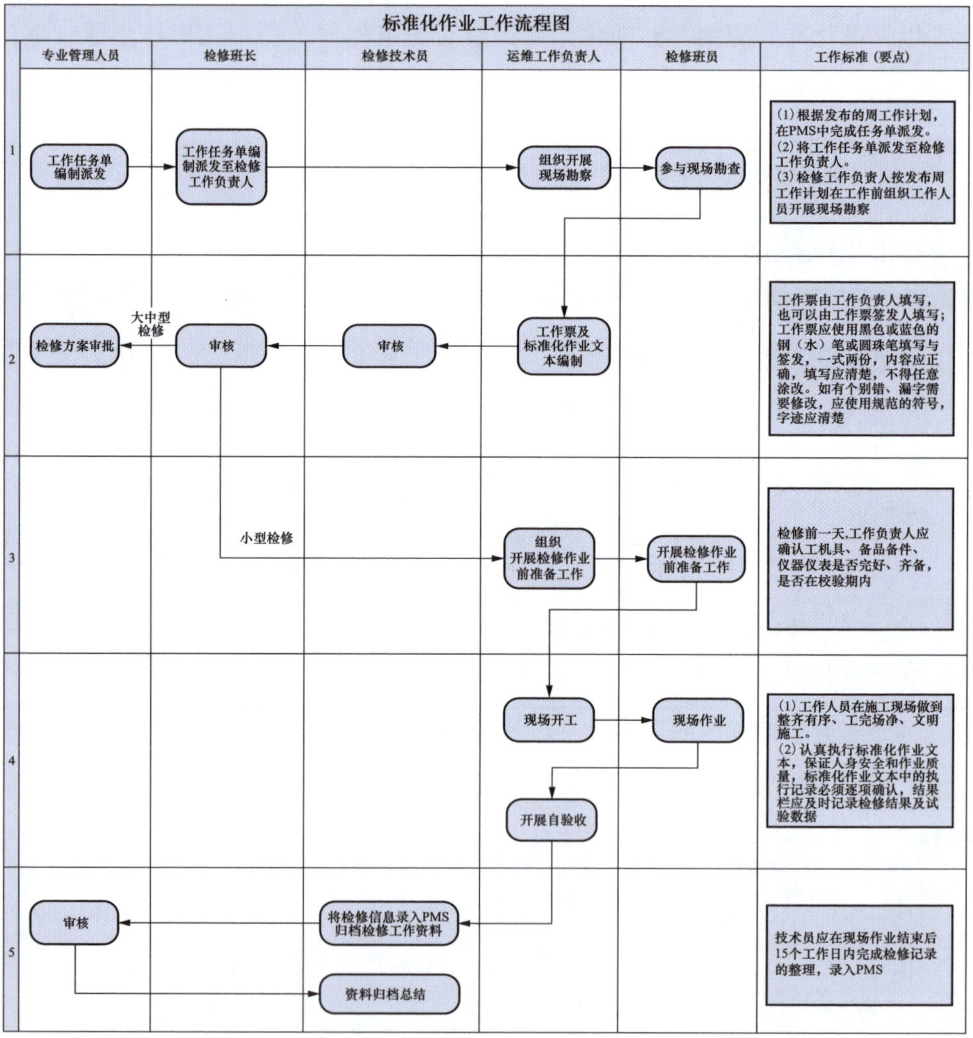

标准化作业工作流程图

	专业管理人员	检修班长	检修技术员	运维工作负责人	检修班员	工作标准（要点）
1	工作任务单编制派发	工作任务单编制派发至检修工作负责人		组织开展现场勘察	参与现场勘查	(1)根据发布的周工作计划，在PMS中完成任务单派发。(2)将工作任务单派发至检修工作负责人。(3)检修工作负责人按发布周工作计划在工作前组织工作人员开展现场勘察
2	检修方案审批	大中型检修；审核	审核	工作票及标准化作业文本编制		工作票由工作负责人填写，也可以由工作票签发人填写；工作票应使用黑色或蓝色的钢（水）笔或圆珠笔填写与签发，一式两份，内容应正确，填写应清楚，不得任意涂改。如有个别错、漏字需要修改，应使用规范的符号，字迹应清楚
3		小型检修		组织开展检修作业前准备工作	开展检修作业前准备工作	检修前一天,工作负责人应确认工机具、备品备件、仪器仪表是否完好、齐备，是否在校验期内
4				现场开工；开展自验收	现场作业	(1)工作人员在施工现场做到整齐有序、工完场净、文明施工。(2)认真执行标准化作业文本，保证人身安全和作业质量，标准化作业文本中的执行记录必须逐项确认，结果栏应及时记录检修结果及试验数据
5	审核		将检修信息录入PMS归档检修工作资料；资料归档总结			技术员应在现场作业结束后15个工作日内完成检修记录的整理，录入PMS

图 3－2　标准化作业工作流程图

（2）大（中）型检修方案模板如下。

大（中）型检修方案

××（变电站、工程）检修方案

编写：__________

审核：__________

批准：__________

××公司

××××年××月××日

________（变电站、工程）检修方案

________公司________变电站计划于________年____月____日至____月____日开展大（中）型检修，为保证各项工作安全有序开展，特制订本措施。

一、编制依据

根据状态评价、精益化评价、技改大修项目以及停电计划批复。

二、工作内容

________大（中）型检修安排检修设备______台，完成技改项目________项，大修项目________项。共计消缺________项，隐患治理________项，精益化评价问题治理________项。

三、检修任务

（一）检修范围

此处简述本次检修涉及的所有设备。

（二）技改项目

此处简述技改主要内容（见附表 3－1）。

（三）大修项目

此处简述大修主要内容（见附表 3－2）。

（四）主要消缺项目

此处简述消缺主要内容（见附表 3－3）。

（五）隐患治理项目

此处简述隐患治理主要内容（见附表 3－4）。

（六）反措执行项目

此处简述反措执行主要内容（见附表 3－5）。

（七）精益化评价整改项目

此处简述精益化评价整改主要内容（见附表 3－6）。

四、组织措施

（一）领导小组

明确领导小组（含人员名单）。

（二）现场指挥部

明确现场指挥部组织机构，明确各工作组负责人及安全监察人员名单。

（三）各作业面分工及人员安排

此处简述检修工作作业面数量、负责人人数、参加检修人员来源、总人数。作业任务一览表见附表 3－7。

五、安全措施

此处对检修中整体性和交叉性工作进行危险点分析，制订预控措施；各作业面具体危险点分析和控制措施纳入各作业面的作业方案中。

六、技术措施

此处描述整体性技术保障措施，各作业面具体技术保障措施纳入各作业面的作业方案中。

七、物资采购保障措施

简述物资采购控制措施，检修所需物资列入采购情况表（见附表 3－8）。

八、进度控制保障措施

进度图及关键路径控制措施、特殊情况应对措施、检修进度表见附表3－9。

九、检修验收工作要求

验收工作小组名单及分工。

十、作业方案

对每个作业面分别制订作业方案（见附件），共________个作业方案。

附件

________（变电站、工程）________作业面作业方案

一、工作内容

二、停电范围及停电时间

序号	工作地点所需要的停电范围	停电时间	保留的带电部位

三、人员安排及进度控制

序号	作业内容	时间安排	负责人	作业人员

四、关键工艺质量控制措施

序号	关键工序	标准及要求	风险辨识与预控措施	执行完打√或记录数据

五、风险辨识与预控措施

序号	辨识项目	危险因素	防范及控制措施	相关作业班组及人员

六、验收关键环节

序号	验收项	验收内容及标准	验收负责人

技改项目模板见附表 3-1。

附表 3-1 ________站技改项目

序号	技改内容及工期				项目负责人	所需物资	备注
	设备名称	技改原因	技改内容	工期（h）			

大修项目模板见附表 3-2。

附表 3-2 ________站大修项目

序号	大修内容及工期				项目负责人	所需物资	备注
	设备名称	大修原因	大修内容	工期（h）			

消缺项目模板见附表 3-3。

附表 3－3 ________站消缺项目

序号	消缺内容及工期				项目负责人	所需物资	备注
	设备名称	缺陷内容	缺陷性质	工期（h）			

隐患治理项目模板见附表 3－4。

附表 3－4 ________站隐患治理项目

序号	隐患治理内容及工期					项目负责人	所需物资	备注
	设备名称	隐患描述	隐患性质	治理措施	工期（h）			

反措执行项目模板见表 3－5。

附表 3－5 ________站反措执行项目

序号	反措执行内容及工期					项目负责人	所需物资	备注
	设备名称	问题描述	对应反措	治理措施	工期（h）			

精益化评价整改项目模板见附表 3－6。

附表 3－6 ______站精益化评价整改项目

序号	整改内容及工期				项目负责人	所需物资	备注
	设备名称	整改原因	整改内容	工期（h）			

检修作业面一览表模板见附表 3 - 7。

表 3 - 7　　　　________站检修作业面一览表

序号	作业面名称	工作内容	检修时间	工作负责人	施工单位负责人	安全监督人	验收负责人

检修物资到货情况一览表模板见附表 3 - 8。

附表 3 - 8　　　　________站检修物资到货情况一览表

序号	物资名称	型号	单位	数量	供货厂家	预计到站时间	到货情况	负责人	备注

检修各作业面检修进度一览表模板见附表 3 - 9。

附表 3 - 9　　　　________站检修各作业面检修进度一览表

序号	项目内容	×月×日	×月×日	×月×日	×月×日	×月×日	×月×日	×月×日

（3）小型检修方案模板如下。

××站××项目检修方案

变电站		
项目名称		
分项名称	具体内容	说明
项目内容		项目内容、工期安排等
人员分工		应符合组织措施要求。明确责任人及作业人员
停电范围		停电设备、相邻带电部分等
危险点分析与预控措施		应符合安全措施要求。应在标准作业卡中落实
关键质量点及管控措施		应符合技术措施要求。应在标准作业卡中落实
主要工机具及备品备件		项目所需的主要工机具及备品备件

填写日期：________　编写人：________　审核人：________　批准人：________

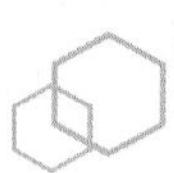

（4）安全技术交底记录模板如下。

安全技术交底记录

检修项目名称	××变电站××检修项目现场安全技术交底
交底地点	
交底日期	
交底人	
参与单位	
交底内容	安全技术交底应包含以下内容： 1. 检修内容、停电方案、任务分工、总体进度安排、检修方案等。 2. 停电范围、带电部位、安全措施、技术措施、作业过程中存在的安全风险及具体防范措施等。 3. 紧急情况应急处理措施等。 4. 文明施工要求。 5. 其他需要交底的内容
参会人员签名	

（5）变电站（发电厂）第一种工作票模板如下。

变电站（发电厂）第一种工作票

单位 ________________________　　　　编号 ____________

1. 工作负责人（监护人）__________　　　　班组 ____________

2. 工作班人员（不包括工作负责人）

____

____

共______人

3. 工作的变电站名称及设备双重名称

×××变电站：____

4. 工作任务

工作地点及设备双重名称	工作内容

5. 计划工作时间

自_______年___月___日___时___分至_______年___月___日___时___分

6. 安全措施（必要时可附页绘图说明）

应拉开断路器、隔离开关	已执行
应装接地线，应合接地开关 （注明确实地点、名称及接地线编号）	已执行
应设遮栏，应挂标示牌及防止二次回路误碰等措施	已执行

注　已执行栏目及接地线编号由工作许可人填写。

工作地点保留带电部分或注意事项 （由工作票签发人填写）	补充工作地点保留带电部分和安全措施 （由工作许可人填写）

第一签发人签名 ______________　签发日期：_______年___月___日___时

第二签发人签名 ______________　签发日期：_______年___月___日___时

7. 收到工作票时间_______年___月___日___时___分

运行值班人员签名 ____________　工作负责人签名 ____________

8. 确认本工作票 1～7 项

工作负责人签名 ______________　工作许可人签名 ____________

许可开始工作时间：_______年___月___日___时___分

9. 确认工作负责人布置的任务和本施工项目安全措施

工作班组人员签名：

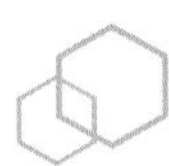

10. 工作负责人变动

原工作负责人__________离去，变更__________为工作负责人

工作票签发人 __________ ______年___月___日___时___分

11. 工作人员变动情况（变动人员姓名、变动日期及时间）

添加人员姓名	日	时	分	工作负责人签名	离去人员姓名	日	时	分	工作负责人签名
	日	时	分			日	时	分	
	日	时	分			日	时	分	

12. 工作票延期

有效期延长到______年___月___日___时___分

工作负责人签名__________ ______年___月___日___时___分

工作许可人签名__________ ______年___月___日___时___分

13. 每日开工和收工时间（使用一天的工作票不必填写）

收工时间				工作负责人	工作许可人	开工时间				工作许可人	工作负责人
月	日	时	分			月	日	时	分		
月	日	时	分			月	日	时	分		
月	日	时	分			月	日	时	分		
月	日	时	分			月	日	时	分		
月	日	时	分			月	日	时	分		
月	日	时	分			月	日	时	分		
月	日	时	分			月	日	时	分		
月	日	时	分			月	日	时	分		

14. 工作终结

全部工作于______年___月___日___时___分结束，设备及安全措施已恢复至开工前状态，工作人员已全部撤离，材料工具已清理完毕，工作已终结。

工作负责人签名：__________ 工作许可人签名：__________

15. 工作票终结

临时遮栏、标示牌已拆除，常设遮栏已恢复。未拆除或未拉开的接地线编号__________等______组、接地开关（小车）共______副（台），已汇报调度值班员。

工作许可人签名 __________ ______年___月___日___时___分

16. 备注

(1) 指定专责监护人________负责监护________________________(地点及具体工作)

指定专责监护人________负责监护________________________(地点及具体工作)

指定专责监护人________负责监护________________________(地点及具体工作)

(2) 其他注意事项

3.2.5 标准化作业指导卡

以油浸式站用变压器C类检修为例，其他设备类型可参考此模板，结合变电站实际情况进行编制，模板如下。

站用变压器（油浸式）C类检修标准作业卡

编制人：　　　　审核人：

1. 作业信息

设备双重编号		工作时间		作业卡编号	

2. 工序要求

序号	关键工序	标准及要求	风险辨识与预控措施	执行完打√或记录数据
1	站用变压器本体检查	(1) 法兰、阀门、冷却装置、油箱、油管路等密封连接处应密封良好，无渗漏痕迹，油箱、升高座等焊接部位质量良好，无渗漏油。 (2) 无异常振动声响。油箱及外部螺栓等部位无异常发热	(1) 断开与站用变压器相关的各类电源并确认无压。 (2) 应注意与带电设备保持安全距离。 (3) 高空作业应按规程使用安全带，安全带应挂在牢固的构件上，禁止低挂高用。 (4) 严禁上下抛掷物品，正确使用安全带	
2	散热器检查	(1) 检查散热器和支架无脏污、锈蚀。 (2) 阀门应正确开启		
3	套管检查	(1) 瓷件应无放电、裂纹、破损、脏污等，法兰无锈蚀。 (2) 套管本体及与箱体连接密封应良好，无渗油，油位指示清晰，油位正常。 (3) 套管导电连接部位应无松动。 (4) 套管接线端子等连接部位表面应无氧化或过热。 (5) 外观、RTV以及增爬裙检查正常。 (6) 电容型套管末屏接地可靠		
4	压力式温度计、电阻式温度计检查	(1) 温度计内应无潮气凝露。 (2) 温度计指示正确		

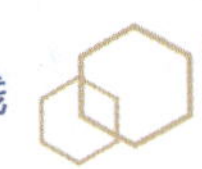

续表

<table>
<tr><th>序号</th><th>关键工序</th><th>标准及要求</th><th>风险辨识与预控措施</th><th>执行完打√或记录数据</th></tr>
<tr><td>5</td><td>气体继电器检查</td><td>（1）密封良好。
（2）动作可靠，配合回路传动正确无误。
（3）观察窗清洁，刻度清晰</td><td rowspan="3">（1）断开与站用变压器相关的各类电源并确认无压。
（2）应注意与带电设备保持安全距离。
（3）高空作业应按规程使用安全带，安全带应挂在牢固的构件上，禁止低挂高用。
（4）严禁上下抛掷物品，正确使用安全带</td><td></td></tr>
<tr><td>6</td><td>油位计检查</td><td>（1）表内应无潮气凝露。
（2）通过红外等手段确认无假油位。
（3）油位表信号端子盒密封良好</td><td></td></tr>
<tr><td>7</td><td>二次回路检测</td><td>（1）采用 1000V 绝缘电阻表测量继电器、油温指示器、油位计、压力释放阀二次回路的绝缘电阻应大于 1MΩ。
（2）端子箱防雨、防尘措施良好，接线端子无松动和锈蚀</td><td></td></tr>
</table>

3．签名确认

工作人员确认签名	

4．执行评价

工作负责人签名：

3.2.6 “一体化”岗位职责说明书

以标准化作业为例，变电检修班各岗位的职责说明书如表 3－7～表 3－10 所示。各岗位涉及的其他业务可按此模板添加。

表 3－7　　检修班长岗位职责说明书

<table>
<tr><th colspan="2">岗位名称：检修班长</th><th rowspan="2">考核评价</th><th rowspan="2">培训需求</th></tr>
<tr><th>业务类型</th><th>工作标准</th></tr>
<tr><td>标准化作业</td><td>（1）根据发布的周计划，在生产管理系统中完成任务单派发。
（2）对已编制好的工作票及标准化作业文本进行审核</td><td></td><td></td></tr>
<tr><td>……</td><td>……</td><td></td><td></td></tr>
</table>

表 3-8　　检修技术员岗位职责说明书

岗位名称：检修技术员		考核评价	培训需求
业务类型	工作标准		
标准化作业	（1）对已编制好的工作票及标准化作业文本进行审核。 （2）完成生产管理系统检修信息录入工作，对所派发工作任务单进行终结，归档检修文本资料		
……	……		

表 3-9　　检修工作负责人岗位职责说明书

岗位名称：检修工作负责人		考核评价	培训需求
业务类型	工作标准		
标准化作业	（1）组织开展现场勘查。 （2）编制工作票及标准化作业文本。 （3）组织开展检修作业前准备工作（工机具及备品备件）。 （4）组织现场开工。 （5）组织开展自验收		
……	……		

表 3-10　　检修班员岗位职责说明书

岗位名称：检修班员		考核评价	培训需求
业务类型	工作标准		
标准化作业	（1）参与现场勘察。 （2）开展检修作业前准备（工机具及备品备件）。 （3）参与现场检修作业，执行标准化作业文本		
……	……		

3.3　电气试验典型实践

3.3.1　电气试验班岗位与业务

电气试验班的典型岗位设置为：班长、技术员、工作负责人、班员，承担的电气试验业务可分为 3 大类 12 项。3 大类业务包括电气试验基础管理、设备

评价、现场作业管理。其中电气试验基础管理包括 4 项业务：人员培训、安全活动、档案资料管理、试验装备管理；设备评价包括 3 项业务：精益化管理评价、设备年度状态评价、设备动态评价；现场作业管理包括 5 项业务：工作计划、标准化作业、设备试验、缺陷管理、设备验收。

3.3.2 设备试验业务概述

以设备试验为例。设备试验按照工作类别分为停电试验和带电检测，带电检测指设备在运行状态下，采用检测仪器对其状态量进行的现场检测。停电试验指需要设备退出运行才能进行的检测试验。按照检测性质分为交接、例行、诊断试验。正常情况下，应依据检测基准周期、项目和标准开展带电检测和停电试验。

3.3.3 设备试验业务流程

以停电试验为例，停电试验工作流程如图 3-3 所示。

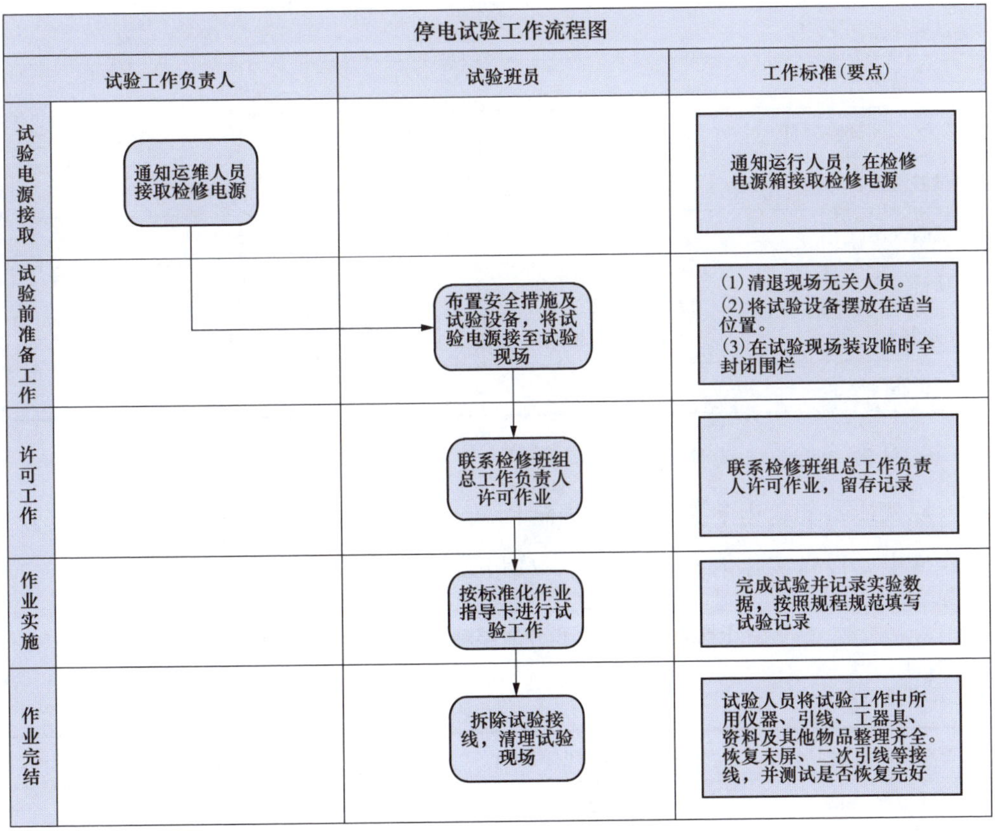

停电试验工作流程图			
	试验工作负责人	试验班员	工作标准（要点）
试验电源接取	通知运维人员接取检修电源		通知运行人员，在检修电源箱接取检修电源
试验前准备工作		布置安全措施及试验设备，将试验电源接至试验现场	(1)清退现场无关人员。 (2)将试验设备摆放在适当位置。 (3)在试验现场装设临时全封闭围栏
许可工作		联系检修班组总工作负责人许可作业	联系检修班组总工作负责人许可作业，留存记录
作业实施		按标准化作业指导卡进行试验工作	完成试验并记录实验数据，按照规程规范填写试验记录
作业完结		拆除试验接线，清理试验现场	试验人员将试验工作中所用仪器、引线、工器具、资料及其他物品整理齐全。恢复末屏、二次引线等接线，并测试是否恢复完好

图 3-3 停电试验工作流程图

3.3.4 工作记录

设备试验报告模板如下。

设 备 试 验 报 告

<table>
<tr><td colspan="8">一、基本信息</td></tr>
<tr><td>变电站</td><td></td><td>委托单位</td><td></td><td>试验单位</td><td></td><td>试验日期</td><td></td></tr>
<tr><td>检测分类</td><td></td><td>试验天气</td><td></td><td>温度</td><td></td><td>湿度</td><td></td></tr>
<tr><td colspan="8">二、设备铭牌</td></tr>
<tr><td>运行编号</td><td></td><td>生产厂家</td><td></td><td>额定电压</td><td colspan="3"></td></tr>
<tr><td>投运日期</td><td></td><td>出厂日期</td><td></td><td>出厂编号</td><td colspan="3"></td></tr>
<tr><td>设备型号</td><td></td><td>结构形式</td><td></td><td>额定电流</td><td colspan="3"></td></tr>
<tr><td colspan="8">三、试验项目</td></tr>
<tr><td colspan="8">1. ×××试验项目</td></tr>
<tr><td colspan="8">试验数据：</td></tr>
<tr><td>试验仪器</td><td colspan="7"></td></tr>
<tr><td>项目结论</td><td colspan="7"></td></tr>
<tr><td colspan="8">2. ×××试验项目</td></tr>
<tr><td colspan="8">试验数据：</td></tr>
<tr><td>试验仪器</td><td colspan="7"></td></tr>
<tr><td>项目结论</td><td colspan="7"></td></tr>
<tr><td>编制人</td><td></td><td>审核人</td><td></td><td>批准人</td><td colspan="3"></td></tr>
<tr><td>备注</td><td colspan="7"></td></tr>
</table>

3.3.5 试验标准作业卡

以变压器套管电容量和介质损耗因数试验为例，其他试验可参考此模板，结合变电站设备实际情况进行编制，模板如下。

变压器套管电容量和介质损耗因数试验标准作业卡

编制人： 审核人：

1. 作业信息

设备双重编号		工作时间		作业卡编号	
环境温度		环境湿度		检测分类	

2. 工序要求

序号	关键工序	标准及要求	风险辨识与预控措施	执行完打√或记录数据
1	安全准备	开工前对被测设备进行必要的验电，并布置好自我保护相关安全措施		
2	检查设备	检查被测设备外观，核对设备铭牌		
3	拆接电源	拆接电源必须两人进行，电源应符合试验要求	认真核对设备调度号，防止拆错设备	拆接人员：
4	拆除接头	逐项记录拆除引线接头情况	认真做好拆除记录，防止遗漏	拆除引线接头记录： 负责人：
5	检测实施	（1）将变压器被测绕组短接，非被测绕组短路接地。 （2）将电桥高压线的屏蔽线接在被测绕组上，把电桥信号线接在套管末屏上，保证电桥接地良好。 （3）打开电桥总电源及内高压允许开关，采用正接线、电压10kV，按启动按钮3s开始测量。 （4）记录测试结果，关闭内高压允许开关、总电源开关，断开试验电源，测量结束。 （5）测试完毕，恢复套管末屏接地线。 （6）所有分接直流电阻测试完毕后，将分接开关调至运行位置进行测量。 要求： 1）电容量初值差不超过±5%（警示值）； 2）介质损耗因数（20℃）：72.5～126kV不大于0.01（注意值）；252～363kV不大于0.008（注意值）；550 kV及以上不大于0.007（注意值）	（1）测量后应对末屏充分放电。 （2）若遇天气潮湿、套管表面脏污，则需要进行屏蔽测量。 （3）其他套管测试顺序依次类推	$\tan\delta$（%）： A： B： C： O： C_x（pF）： A： B： C： O：
6	记录填写	检测中应有专人填写检测记录，并对检测结果参照规程进行判断，若发现异常，应及时向检测负责人汇报，检测负责人视异常情况确定应对方案，必要时向上级管理人员汇报		

续表

序号	关键工序	标准及要求	风险辨识与预控措施	执行完打√或记录数据
7	现场恢复	检查所拆除引线接头恢复情况，确保连接良好	结合拆除记录，逐项检查，使用力矩扳手检查接头	检查人： 运维人员：

3. 签名确认

工作人员确认签名	

4. 执行评价

工作负责人签名：

3.3.6 “一体化”岗位职责说明书

以设备试验为例，电气试验班各岗位的职责说明书如表 3-11 和表 3-12 所示。各岗位涉及的其他业务可按此模板添加。

表 3-11　试验工作负责人岗位职责说明书

岗位名称：试验工作负责人		考核评价	培训需求
业务类型	工作标准		
停电试验	（1）通知运维人员接取检修电源。 （2）联系检修班组总工作负责人，许可作业		
……	……		

表 3-12　试验班员岗位职责说明书

岗位名称：试验班员		考核评价	培训需求
业务类型	工作标准		
停电试验	（1）布置试验现场安全措施及试验设备。 （2）用电源线轴将试验电源接至试验现场。 （3）联系检修班组总工作负责人，许可作业。 （4）按标准作业指导卡进行试验工作。 （5）拆除试验电源。 （6）清理试验现场		
……	……		